재미있는
수학여행 3

재미있는 수학여행 3 – 기하의 세계

1판 1쇄 발행 1991. 3. 15.
1판 44쇄 발행 2005. 8. 24.
개정1판 1쇄 발행 2007. 1. 25.
개정1판 19쇄 발행 2018. 9. 10.
개정신판 1쇄 인쇄 2021. 11. 30.
개정신판 1쇄 발행 2021. 12. 7.

지은이 김용운, 김용국

발행인 고세규
편집 임솜이 디자인 조명이 마케팅 박인지 홍보 홍지성
발행처 김영사
등록 1979년 5월 17일 (제406 – 2003 – 036호)
주소 경기도 파주시 문발로 197(문발동) 우편번호 10881
전화 마케팅부 031)955 – 3100, 편집부 031)955 – 3200 | 팩스 031)955 – 3111

값은 뒤표지에 있습니다.
ISBN 978 – 89 – 349 – 4415 – 7 04410
        978 – 89 – 349 – 4417 – 1 (세트)

홈페이지 www.gimmyoung.com   블로그 blog.naver.com/gybook
인스타그램 instagram.com/gimmyoung   이메일 bestbook@gimmyoung.com

좋은 독자가 좋은 책을 만듭니다.
김영사는 독자 여러분의 의견에 항상 귀 기울이고 있습니다.

김용운
×
김용국

재미있는
수학여행
기하의 세계

3

김영사

새로운 수학여행을 시작하며

우리나라 학생은 점수만으로는 세계 수학 경시대회에서 좋은 성적을 낸다. 그러나 세계의 수학 교육가들은 우리나라 학생이 점수로 계산할 수 없는 학습동기 또는 호기심에 관해서는 하위에 속한다는 사실에 주목하며 창의력 문제를 걱정한다.

각 나라 국민의 창의력을 나타내는 지표로는 흔히 노벨과학상 수상자 수가 참고된다. 그런데 세계 최고의 교육열을 자랑하는 우리나라 사람 중 과학상 수상자는 하나도 없다. 참고로 유대인의 수상자 수는 의학·생리·물리·화학 분야에서 119명, 경제학상만도 20명이 넘는다. 이 현상은 창의력에 관련이 깊은 수학 교육과 연관이 있다.

유대인의 속담에 자녀에게 고기를 주지 말고 고기를 잡는 그물을 주라는 말이 있다. 참된 수학은 창의력을 위한 고기가 아닌 그물의 역할을 한다. 나는 이 책이 여러분을 참된 수학의 길로 인도하기를 바란다.

그간 많은 학생으로부터 "선생님 책 덕에 수학에 눈이 열리게 되었습니다"라는 말을 들어왔다. 필자에게 그 이상 보람을 느끼게 하는 일은 없으며 동시에 더욱 책임감을 느낀다.

이 책은 1991년, 지금으로부터 16년 전에 쓰였으나 그 기본 방향에는 변함이 없다. 그러나 그간 수학, 특히 컴퓨터를 이용하는 정수론 분야에서 새로운 지식이 등장했으며, 오랫동안 풀리지 않았던 어려운 문제들의 일부가 해결되었다. 이들 내용을 보완하면서 더욱 친근하게 접근할 수 있도록 수정했다. 이 책을 읽는 독자 중에서 큰 고기를 낚는 사람이 나오기를 기대한다.

2007년
김용운

산을 높이 오를수록 산소가 희박해지고 고산병에 걸리기 쉽다. 이처럼 지나치게 다듬어진 수학은 겉보기에 구체적인 현실성이 없어지고 추상성만으로 가득하게 된다.

현대 수학을 처음 접하게 되면 대부분의 사람들이 고산병과 같은, 수학에 있어서의 추상병(抽象病)에 걸리고 만다. 이는 정신적으로 건전한 사람이라면 당연히 걸리는 병이라고 할 수 있다.

그러나 아무리 높은 산일지라도 산에는 숲이 우거지고 짐승들이 뛰놀고 있다. 차갑고 메마른 공기와 빙설에 덮인 암벽일지라도, 그 암벽 아래쪽에는 풍요로운 자연이 숨 쉬고 있는 것이다.

학교에서 가르치는 수학은 마치 산봉우리 부분만 확대하여 그 구조만을 조사하는 것과 같다. 봉우리만을 보는 대부분의 학생들은 얼음 덮인 암벽을 만나면 산 오르기에 지쳐 중도에 하산해버리고 만다. 절벽과 함께 있는 계곡의 맑은 물 같은 생생한 인간의 직관은 보지 못하고 말이다.

산의 전체를 모르는 학생들에게는 당연한 결과이지만, 수학이라는 '산'에 도전하여 좌절하는 모습을 수없이 보아온 저자로서는 안타까움을 금할 수 없다.

이 책을 집필하게 된 가장 큰 동기는 수학의 전체 모습을 보여주기 위해서이다. 수학의 본질을 모르면서 공식이나 줄줄 잘 외워 입시에 성공한들, 수학을 키우고 수학에 의해 성장해온 문화의 깊은 인간적 의미는 잘 알 수가 없다. 이 책의 가장 큰 목적은 수학의 본성을 이해하는 데 도움을 주고자 함이다.

그리고 이 책은 정상에서 각 계단의 의미와 그 지평을 관망하는 입장에서 쓰였다. 강의실에서 서술하지 못한 중요한 내용을 들추어내고 살아 숨쉬는 수학을 독자들에게 보여주기 위해서이다. 시들고 흥미 없는 강의를 할 수밖에 없었던 죄책감을 이 책을 통해 조금이나마 씻을 수 있었으면 한다.

무관심한 사람에게 밤하늘은 신비스럽기는 하지만 수많은 별들이 무질서하게 멋대로 흩어져 있는 것처럼 보인다. 하지만 별들은 저마다 자기 자리를 가지고 대우주의 조화를 이루고 있는 것이다. 이 대우주는 결코 다 파헤칠 수 없는 신비의 보고이기도 하다.

수학은 인공의 대우주이다. 자연의 대우주와 비교될 만큼 온갖 비밀이 그 속에는 간직되어 있다. 그 비밀 속에는 현실세계와 깊은 관련이 있는 넓은 응용과 깊은 지혜가 숨어 있다.

이 책은 수학 전공학도는 물론, 지적 호기심이 강한 사람이면 충분히 즐길 수 있을 것이다. 또한 정보화 사회를 살아가는 현대인이면 갖춰야 할 합리적인 사고를 기르는 데에도 큰 도움이 되리라 믿는다.

독자가 이 책을 통해 수학의 진면목을 이해하는 데에 진일보했다는 느낌만이라도 얻는다면 저자로서는 그 이상 바랄 것이 없겠다.

1991년
김용운 · 김용국

2 생활 속의 기하학 123

1 역사 속의 기하학

기하학이 유클리드에 의해 세련된 모양으로 꾸며지기 이전에도 수많은 기하학적 지식이 있었다. 특히 이집트의 토지 측량이나 피라미드 건설에는 상당히 높은 수준의 측량학이 있었다.(이집트와 그리스의 기하학) 어떻게 그런 현실적인 지식이 학문으로서의 기하학으로 이어졌는지를 알아본다.

또한 기하학의 기본 도형은 직선과 원인데, 그것은 자와 컴퍼스만으로 작도해야 한다고 여겨졌기에 3대 난문이 등장했다. 인류는 2000년 동안이나 이 문제들로 고민했으나 결과적으로 그 고민이 수학을 발전시켰다. 여기서 얻은 것을 알아보고, 그 고민에서 비롯한 기하학의 의미를 생각한다.

그리고 정다면체와 우주관의 관계, 또 비(比)라는 개념을 이용해 도형의 아름다움을 찾고 삼각함수의 탄생 과정을 공부한다. 기하와 대수는 수학에서 두 개의 커다란 지류다. 이 두 지류가 합쳐져서 생긴 해석 기하의 강(江)을 탐험해본다.

기하학의 발전 의미를 묻자! 한 치의 진보에도 수많은 노력이 필요했다. 이를 통해 인류의 정신적 유산이 위대하다는 것을 인식할 수 있게 될 것이다.

2 생활 속의 기하학

우리 주변에 산재하는 많은 기하학 문제를 살펴본다.

자연에도 많은 기하학이 숨어 있음을 알 수 있다. '벡터'와 같이 어려운 문제를 쉽게 도식화한 가벼운 두뇌 훈련도 해보고, 기하학적 직관력을 길러 보자.(성냥개비의 기하학)

분석과 종합의 의미를 묻고 기하학 정신과 과학의 관계를 살펴본다. 장난스러운 문제에 숨어 있는 깊은 수학적 의미도 생각해보자.(가케야의 문제, 경상의 원리)

1
역사 속의 기하학

너무나 간단한 것들을 엄격하게 정의하는 일은 딱딱하
고 메마르게 느껴진다. 그러나 완벽한 기하학 정신은
여기에서 출발한다.

이집트와 그리스의 기하학
경험적 수학 vs. 이론적 수학

이집트인의 경험적 수학

세계 4대 문명의 하나인 이집트 문명이 나일강 유역에서 일어난 것은 여러분도 잘 알 것이다.

아프리카 내부의 깊숙한 골짜기에서 시작하여 사막을 누비며 흐르는 이 나일강은 해마다 상류 지방의 눈이 녹을 무렵이면 엄청난 양의 물이 흘러 하류 일대의 유역에 범람한다.

나일강의 범람은 이집트의 수학이 발달하는 계기가 되었다.

이 엄청난 양의 물은 상류 지방의 비옥한 흙을 함께 날라왔기 때문에, 홍수가 끝난 뒤에는 이 비옥한 흙이 쌓여서 농사에 큰 도움이 되었다.

그러나 다른 한편으로는 나일강의 범람에서 빚어지는 피해가 막심했고, 이 때문에 사람들은 나일강의 범람 시기를 사전에 정확히 알아냄으로써 그 피해를 최소한도로 줄이려고 노력했다. 이 범람 시기에 맞춰 일어나는 주기적인 현상 가운데 가장 정확한 것은 태양·달·별 등 천체의 운동이라는 사실을 그들은 알아냈다. 그리하여 이집트인들은 아주 일찍부터 1년의 길이가 365일과 4분의 1일임을 알게 되었다고 한다.

이집트 왕은 나일강의 범람 때문에 입은 손해를 참작해서 세금을 정해야 했기 때문에, 이 세금 계산을 하기 위해서 수학 지식이 필요했다. 이집트의 분수 계산은 이러한 필요가 낳은 소득이었다.

또 나일강의 범람은 각 농토의 경계선을 여지없이 지워 없애버렸다. 이 때문에 홍수가 지나간 다음에 본래대로 경작지를 다시 구분

할 필요가 있었다. 기하학을 영어로 '지오머트리(geometry)'라고 부르는데, 이 '지오(geo)'는 토지를, 그리고 '머트리(metry)'는 측량을 뜻한다는 사실은 기하학의 기원을 잘 나타내고 있다. 그러니까 이집트의 수학은 '정치수학'이었던 셈이다.

또 이집트인은 세 변의 길이의 비가 각각 3, 4, 5인 삼각형을 만들면 길이가 5인 변과 마주보는 각은 직각이 된다는 것을 경험을 통해 일찍부터 알고 있었으며, 이 사실을 이용하여 땅 위에 직각을 그렸다고 한다. 이것은 대단히 중요한 의미를 담고 있다. 오두막 같은 집을 짓는다면 모르지만, 규모가 큰 피라미드와 같은 건조물을 세울 때, 만일 직각을 만드는 방법을 모른다면 어떻게 될까?

그럼 피사의 사탑을 세운 사람은 직각을 몰랐던 걸까?

90°

이처럼 이집트인은 과거의 경험 중에서 생활에 보탬이 되는 바람직한 결과를 끌어내어 긴요한 지식으로 이용할 줄 알았다. 경험에서 얻은 지식을 미래의 행동을 위해 이용하려는 태도야말로, 과학적인 생각의 첫걸음이라 할 수 있다.

그러나 유감스럽게도 이집트인이 경험을 통해 애써 모은 지식은 한마디로 토막 지식에 지나지 않았다. 그들은 오랜 경험으로 생활에 도움이 되는 많은 지식을 모았으나, 이들 지식은 체계 있게 정리된 것이 아니었다.

그리스인의 이론적 수학

하나하나를 따지면 아주 쓸모 있는 것이긴 하지만 전체로서는 통일되어 있지 않은 지식들을 정리하여 과학이라는 이름에 어울리게, 짜임새 있는 체계로 엮은 이들은 지중해를 사이에 두고 이집트와 마주보는 위치에 있는 그리스 사람들이었다.

그리스라고 하면 탈레스(Thales, B.C. 624?~B.C. 546?), 피타고라스 (Pythagoras, B.C. 582?~B.C. 497?), 플라톤(Platon, B.C. 429?~B.C. 347?), 유클리드(Euclid, B.C. 330?~B.C. 275?), 아르키메데스(Archimedes, B.C. 287?~B.C. 212?) 등의 이름이 얼른 머리에 떠오를 것이다. 이 중에서도 가장 선배격인 탈레스, 피타고라

탈레스 | 그리스 기하학의 기틀을 마련했다.

스 등은 젊었을 때에 이집트와 메소포타미아로 건너가 그곳에서 많은 지식을 배워 왔다고 한다. 그러나 이들 그리스인은 이집트의 토막 지식을 그대로 익혀 온 것이 아니고, 얼핏 보기에는 서로 아무런 상관이 없는 지식들을 이론적으로 통일시키기 위한 노력을 하였다. 탈레스는 이것을 훌륭하게 실현시킨 최초의 그리스인이었다.

❶ 맞꼭지각은 서로 같다.

❷ 이등변삼각형의 두 밑각은 같다.

❸ 대응하는 두 변의 길이가 각각 같고, 그 끼인각의 크기가 같은 두 삼각형은 서로 합동이다.

❹ 대응하는 한 변의 길이가 같고 그 양 끝각의 크기가 각각 같은 두 삼각형은 서로 합동이다.

우리가 중학교 시절 배웠던 이런 정리들을 이집트인들은 서로 연관이 없는 토막 지식으로만 알고 있었다. 그러나 그리스인들은 이것들을 하나하나 왜 그렇게 되는가를 따져 가면서, 오늘날 기하학이라고 불리는 하나의 학문틀을 마련했다. 특히 탈레스는 기하학을 짜임새를 갖춘 통일된 지식의 체계로 끌어올리는 노력을 처음 기울인 장본인이었다.

그는 이러한 지식을 단순히 경험을 통해 알아낸 것이 아니라, 정리로서 '증명'하는 데 성공했다. 더 나아가서는 이러한 정리를 써서, 가령 중간에 산이 있어서 직접 잴 수 없는 두 점 사이의 거리를 알아내거나 기슭에서부터 바다 멀리에 있는 배까지의 거리를 셈해보기도 했다고 한다.

"직접 재어보지도 않고 거리를 정확히 맞추다니?!"이 기막힌 재주에 당시 사람들이 얼마나 놀라워했을지 짐작하고도 남는다. 그러나, 잠깐! 그의 이 희한한 솜씨는 경험을 통해서 얻은 결과가 아니라, 증명을 통해 밝혀낸 정리를 무기로 삼고 있다는 사실에 유의해주기 바란다. 증명이란 뻔히 아는 일을 괜스레 번거롭게 만드는 것이라고

생각하는 사람도 있을지 모르나, 일단 증명된 정리의 쓰임새는 이만 저만 큰 것이 아니다.

이집트인들이 세 변의 길이의 비가 3, 4, 5인 삼각형이 직각삼각형임을 알고 있었다고 했지만, 메소포타미아인들은 세 변의 길이의 비가 5, 12, 13인 경우에도 직각삼각형이 된다는 것을 알고 있었다.

이에 비해 그리스인은 3, 4, 5의 경우에는

$$3^2 + 4^2 = 5^2$$

이고, 또 5, 12, 13의 경우에도

$$5^2 + 12^2 = 13^2$$

이라는 사실을 발견했을 뿐 아니라, 구태여 3, 4, 5라든지 5, 12, 13 등을 따지지 않아도 일반적으로 a, b, c라는 세 변의 길이 사이에

$$a^2 + b^2 = c^2$$

의 관계가 있으면, 변 c와 마주보는 각이 직각이 되는 것이 아닐까 하고 생각했다. 여기서 '피타고라스의 정리'가 태어났다.

이처럼 명확한 지식을 체계적으로 엮어서 새로운 명제(정리)를 얻는 발판으로 삼은 것이 그리스인들이 수학(기하학)을 연구하는 방법이었다. 그들은 수학에서의 명제란, 누구나 군말없이 승복하는 설득력을 지녀야 한다고 믿었던 것이다.

그리스가 민주주의의 훌륭한 역사를 가졌던 것도 그 때문이다. 좀 어려운 표현을 쓴다면, 그리스인은 혼자 생각하는 것이 아니고 대화

를 통해서 여러 사람들과 함께 생각하는 습관이 있었다고나 할까?

　주먹이나 권력을 사용하지 않고 공평한 처지에서 내 주장을 한두 사람이 아닌 모든 사람이 납득하고 그것에 동의하도록 하려면 그에 어울리는 대화의 방법이 필요하다. 그러기 위해서는, 먼저 사용하는 낱말의 뜻을 분명히 밝히고, 서로가 같은 말을 다른 뜻으로 쓰는 일이 없도록 해야 한다. 그리고 누구나가 똑같이 인정하는 방법으로 이치 있게 따져나갈 줄 알아야 한다. 일찍부터 그리스에서 대화를 할 때 '정의'와 '증명'이 매우 중요시되었던 것도 이 때문이다.

　모든 사람이 진정으로 동의하기 위해서는 아무리 간단한 것도 그 뜻을 정확히 이해해야 하고 납득해야만 한다. 그리하여 간단한 것에서부터 차츰차츰 복잡한 명제에 대한 합의에 도달하도록 하는 것이다. 이런 이유로 대화의 학문인 기하학을 처음 학습할 때에는 '점'이니 '선'이니 하는, 누구나가 잘 알고 있는(?) 것들을 엄격히 따지는 일에서부터 출발한다.

　수학에 정의나 증명이 쓰이게 된 것도 그러한 그리스인들의 '대화'의 방법에 크게 영향을 받은 결과였음은 말할 나위가 없다. 실제로 논쟁적인 대화가 없었던 동양에서는 수학에 정의나 증명이 끝내 쓰이지 않았다.

　너무나 간단한 것들을 엄격하게 정의하는 일은 딱딱하고 메마르게 느껴진다. 그러나 완벽한 기하학 정신은 여기에서 출발한다. 건전한 민주주의가 결국 공정한 대화를 만들고 훌륭한 기하학을 탄생시킨 것이다. 훌륭한 민주주의가 이룩된 나라의 국민이 좋은 학문도 할 수 있다는 이치가 여기에 있다.

피라미드의 비밀
피라미드의 높이와 밑면의 상관관계

피라미드의 설계자는 원주율을 몰랐을까?

옛 이집트인들은 길이를 잴 때 수레를 사용했을 것이라는 그럴듯한 추측이 있다. 수레를 회전시켜서 그것이 몇 회전 했는가를 보고 길이를 구했을 것이라는 짐작이 그것이다. 물론 수레를 사용하여 길이를 재는 그림이 남아 있어서 이 같은 추측을 하게 된 것은 아니다. 또 그런 수레 같은 것이 발견된 것도 아니다. 어디까지나 하나의 추측이지만, 이야기를 들어보면 아주 그럴듯하다.

이 추측의 근거는 다음과 같다. 피라미드 중에서 최대의 규모라고 일컬어지는 쿠푸왕의 피라미드는 한 변의 길이가 232.8m인 정사각형의 밑면과 146m의 높이를 가진 각뿔을 이루고 있다.

이 각뿔의 밑면의 한 변을 높이의 반으로 나누면 원주율 3.14에 근접한 수가 나온다.

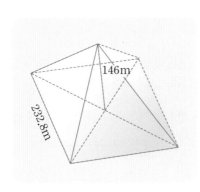

$$232.8 \div (146 \div 2) \fallingdotseq 3.1890$$

원주의 길이는 지름의 길이에 이 3.14를 곱하면 나온다. 옛날 큰
건축물을 지을 때에는, 높이와 밑변의 길이의 비를 으레 어떤 상징
적인 수치로 나타냈다. 이 때문에 이집트인들이 원주율을 알고 있었
을 것이라고 추측할 수 있다.

이 같은 추측을 바탕 삼아 가령 피라미드의 높이가 100m이고 밑면
의 한 변의 길이가 지름이 1m인 수레를 50번 회전시킨 길이라고 가
정했을 때, 이 한 변과 높이의 반의 비는 원주율과 딱 맞아떨어진다.

$$(밑면의\ 한\ 변) : (높이의\ 반) \Rightarrow (1 \times 3.14 \times 50) \div 50$$
$$= 3.14$$

이러한 결과로 미루어 보아 5천 년 전의 이집트인들이, 길이를 재는 데 수레를 주로 활용했던 것이 아닌가 하는 심증이 굳혀진다. 실제로 길이를 손쉽게, 그리고 정확히 재는 데에는 수레를 회전시키는 것이 가장 좋은 방법이라고 알려지고 있다. 지금의 줄자 같은 것도 없었던, 또 신축성이 너무 큰 밧줄로는 정확한 측량이 힘들었던 그 먼 옛날에는 더 말할 나위가 없었을 것이다. 그래서 이 추측이 더욱 그럴듯하게 느껴진다.

가장 튼튼한 경사도를 가진 피라미드는?

꼭짓점과 밑면의 중심을 통과하고 밑면의 어느 한 변에 평행인 평면으로 피라미드를 둘로 나누면, 절단 부분은 아래 그림처럼 이등변삼각형이 된다. 이 이등변삼각형의 밑각을 각도기로 재어보면 약 51도쯤 된다. 그런데 이 51°라는 각도에는 아주 중요한 의미가 담겨져 있다.

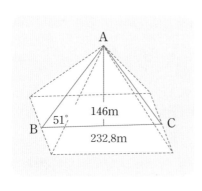

피라미드는 되도록 높아야 한다. 그러나 철근으로 만들어진 파리의 에펠탑과는 달리 돌로 이루어진 피라미드는 경사가 너무 급하면 무너지기 쉽다. 물론 납작한 피라미드란 생각할 수도 없다. 안전성을 유지하면서 되도록 높이 피라미드를 쌓기 위해서는 실제로 이 경사가 가장 알맞다.

어떻게 그 사실을 알 수 있을까? 이런 의문을 갖는 사람은 다음과 같은 실험을 해보면 그 이유를 알 수가 있다.

잘 건조된 고운 모래를 탁자 위에 조금씩 흘리면 모래산이 점점 높이 쌓인다. 가장 높이 쌓였을 때 원뿔꼴을 한 이 산의 기울기는 약 51°쯤 된다. 그런데 알아두어야 할 것은 자연적으로 만들어지는 형태가 가장 안전성이 있다는 사실이다.

피라미드의 설계자는 이 사실을 알고 그렇게 경사를 정했음에 틀림이 없다.

'세계의 7대 불가사의' 중 하나로 꼽히는 피라미드의 비밀이란 기껏 가장 자연스러운 모습을 본뜨는 일이었다. 그러나 알고 보면, 자연만큼 위대한 예술가는 없다. 이 사실을 꿰뚫어본 이집트인은 참으로 위대하다.

원과 구
가장 이상적인 아름다움을 가진 도형

동서양을 막론하고 옛날에는 원이나 구가 특별한 종교적 의미를 지니고 있었다. 즉, 이들은 신이 베푼 가장 완전한 도형으로 간주되었던 것이다.

텔레비전 만화에서 마녀가 수정으로 된 마법의 구슬 앞에서 주문을 외고 있는 장면을 본 적이 있을 것이다. 지금도 그 자취가 집시들의 '수정구(水晶球)점'에 남아 있다.

수정구점을 칠 때에는 반드시 구(球)를 사용하며 타원형으로 생긴 입체(＝타원체)라든가 정육면체는 쓰지 못한다. 이미 먼 옛날에 이집트에서는 원이나 구의 성질이 상당히 깊이 연구되었는데, 이것도 알고 보면 이들 도형이 지닌 신비성에 깊은 관심을 쏟은 결과였다.

원형의 신비에 대해서는 여러분도 일상 생활 속에서 늘 경험하고 있을 것이다. 가령, 종이 위에 잉크를 떨어뜨리면 원형의 얼룩이 생기고, 체온계가 깨져서 수은이 마루 위에 떨어지면 그 모양도 원형이 된다. 또 비눗방울이나 기름을 칠한 프라이팬 위에 떨어진 물방울도 원형이다.

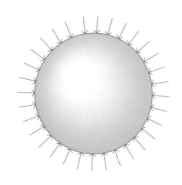

낙하중인 물방울의 표면에는
대기압이 고루 작용하므로 물방울은 구가 된다.

둘레가 같은 사각형 중에서 면적이 가장 큰 것은 정사각형이고, 삼각형 중에서는 정삼각형이다. 이것들은 모두 대칭을 이루고 있는 아름다운 도형이다.

이런 뜻에서 원은 가장 이상적인 아름다움을 지닌 도형이다. 더구나 구는 어디를 잘라도 그 단면은 원이 된다. 옛날 사람들이 이러한 구를 신비롭게 생각했던 것은 너무도 당연하다.

유럽 수학의 원형인 유클리드의 기하학은 '원과 직선의 기하학'이라고 일컬어지고 있다. 작도 문제에서는 '컴퍼스와 자만을 사용한다'라는 조건을 엄격히 내세운다. 이것은 유클리드의 《원론》 이래의 전통이며, 더 거슬러 올라가면 플라톤의 영향, 아니 그 이전부터 있어 왔던 고대 그리스인의 사상적인 경향까지도 생각해야 한다. 그만큼 원이나 구를 섬기는 이 전통은 뿌리가 깊다.

직선을 긋는 자와 원을 그리는 컴퍼스는 다른 기하학의 도구에 비해서 지극히 간단하다. 그것은 말할 나위 없이 직선과 원이 가장 기본적인 도형이면서 아름답고, 게다가 그것을 작도하기가 쉽기 때문이다. 예나 지금이나 수학자들은 이론을 세울 때 늘 미(美)를 염두에 두어왔다. 즉, 단순히 진리만을 추구한 것이 아니고 동시에 아름다움까지도 생각했던 것이다.

가령, 도형의 세계와는 전혀 연관이 없는 대수의 경우에도

$$a+b+c$$

와 같이 문자 a, b, c를 가지런히 놓고 덧셈을 하고, 이어서 또,

$$a^2+b^2+c^2$$

처럼 세 문자를 대칭적으로 써 나가는 일이 흔히 있다. 이럴 때 수학자는 무의식적으로나마 이러한 문자의 배열 속에 숨은 대칭의 미를 즐기고 있다고 할 수 있다.

어떤 결론이 나왔을 때 그것이 단순 명쾌한 것이면 옳은 답이지만, 대칭성이 갖춰지지 않을 때는 그 답이 잘못되었다고 생각하는 것은 수학자들의 상식이다. 기묘하게도(?) 실제로 따져보면 그 판단이 거의 들어맞는다.

이처럼 대칭성을 중요시하는 것은 자연의 산물로서의 인간의 몸매가 대칭적이라는 점에 중요한 이유가 있는 것 같다. 그것은 인공적인 것이건 자연 그대로의 것이건, 대칭성을 지닌 것을 대할 때는 누구나 일종의 안정감을 느낀다는 사실에서도 알 수 있다.

이 밖에 대칭성을 즐겨 찾는 이유를 실용적인 면에서도 생각해 볼

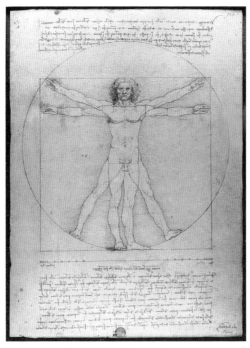
레오나르도 다 빈치의 인체 비례도

수 있다. 예를 들어 되도록 많은 양을 담을 수 있는 용기를 만들고자
하면, 필연적으로 대칭적인 형태가 만들어진다. 가령 동일한 양의 흙
으로 접시를 빚을 때, 원형으로 했을 때가 용적이 최대가 된다.

어떤 사람에게 일정한 길이의 밧줄로 둘러싸인 토지를 주겠다고
한다면, 그 사람은 어김없이 원형으로 땅을 둘러쌀 것이다. 이것은
체험을 통해서 둘레의 길이가 일정한 토지의 면적은 원형일 때 가장
넓다는 것을 알고 있기 때문이다. 마찬가지로 겉면적이 일정할 때
체적이 가장 큰 것은 구라는 것도 말이다.

그 밖에 원은 만들기가 쉽고, 이용 면에서 볼 때 강하고 굴러가기 쉬운 데다가 손에 들기가 간편하다는 등의 이점이 있다. 그래서인지 우리 주변에는 원형의 물건이 많다. 게다가 원은 앞에서도 말했듯이 삼각형이나 사각형에 비해서 훨씬 대칭성이 높다.

우리의 조상은 수학이 태어나기 전부터 이러한 사실을 경험적으로 터득하여, 그 결과 대칭성을 갖고 있는 것이 가장 좋은 것이라는 생각이 몸에 배게 되었는지도 모른다.

탈레스의 반원

증명의 정신으로 기하학을 완성하다

고대 이집트에 피라미드가 세워진 것은 기원전 2800년쯤의 일이라고 하는데, 이러한 대규모의 구조물을 짓기 위해서는 고도로 발달된 측량기술이 필요했다.

측량술이 발달하기 위해서는 평행선의 작도라든지 직각의 작도 등을 비롯하여 도형에 관한 여러 가지 기본적인 지식이 쌓여야 한다. 이집트인은 이러한 훌륭한 기술을 지니면서도 '왜 그렇게 되는가?' 하며 '왜'를 따지는 일은 없었다.

한편 이 뛰어난 측량술을 수입한 당시의 후진국 그리스의 사람들은 따지기를 좋아하는 민족성 탓으로 '왜'라고 묻기를 계속했다.

이집트의 측량술과 그리스 기하학의 차이를 보여주는 한 가지 보기를 들어보자. 이집트의 학자들은 그림과 같이 선분 AB의 한 끝점 B에서 직각을 만들고자 할 때는 선분 AC를 지름으로 하여 두 점 A, B를 지나는 반원을 그리고 B와 C를 연결하면 ∠ABC가 직각이 된다는 사실을 알고 있었다. 그러나 그들은 '왜 ∠ABC가 직각이 되는가?'하고 따지지는 않았다.

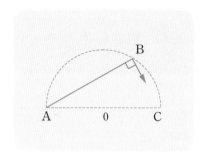

반면에, 그리스인들은 이 사실을 이론적으로 설명하였다. 그 선두주자가 앞에서 이야기한 탈레스이다.

반원은 크고 작은 것 등 무수히 많을 뿐만 아니라 반원 위에 한 점을 잡는 방법도 무수히 많다. 따라서 이 무수히 많은 원주각이 모두 직각이라는 것을 확인해야만 비로소 '반원에 대한 원주각의 크기는 (모두) 직각이다'라고 장담할 수 있는데, 그렇다고 이 많은 각을 샅샅이 조사한다는 것은 도저히 불가능한 일이다.

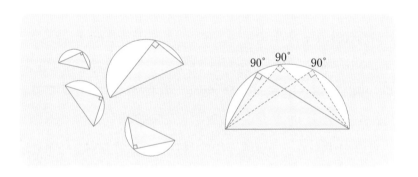

탈레스는 일일이 조사하지 않고도 지름 위의 모든 원주각이 직각이라는 것을 확인시켜주는 아주 멋진 방법을 찾아냈다. 그 방법이란, 반원의 '대표'와 반원 위의 점의 '대표'로써 무수히 많은 경우를 단번에 처리하는 것이었다.

다음의 증명에 쓰인 반원은 모든 반원의 대표(임의의 반원)이고, 반원 위의 점 P도 그 위의 모든 점을 대표하는 반원 위의 임의의 점이다.

| **정리** | 반원에 대한 원주각은 직각이다.

| **증명** | 반원 위에 임의로 한 점 P를 잡고 OP를 맺으면,

$\triangle$AOP와 $\triangle$BOP는 각각 이등변삼각형이기 때문에

$$\angle PAO = \angle APO = a \quad \cdots\cdots \ ❶$$

$$\angle PBO = \angle BPO = b \quad \cdots\cdots \ ❷$$

$\triangle$PAB에서

$$\angle BPA + \angle PAB + \angle ABP = 180°$$

따라서 ❶, ❷로부터

$$(a+b) + a + b = 180°$$

$$\therefore a + b = 90°$$

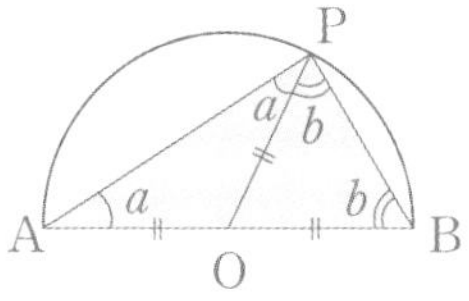

위의 그림에서 점 P는 반원의 양 끝 A, B 이외의 어떤 점이어도 상관없다. 또 반원의 크기, 위치 등도 문제가 되지 않는다.

이와 같이 무수히 많은 것을 낱낱이 조사하지 않고도 단 하나의 '대표'만을 가지고 문제를 해결하는 방법을 터득하면 얼핏 답할 수 없는 것 같이 보이는 문제에 대해서도 해답을 얻을 수 있게 된다.

나일강변의 측량술은 탈레스에 의해 지중해를 건너 소아시아의 밀레토스로, 이어서 피타고라스에 의해 남부 이탈리아로, 그리고 마침내 그리스의 아테네로 전해졌으며 최후로 측량술의 발상지인 이집트의 알렉산드리아로 되돌아와서 그곳에서 기하학으로서 완성을

보았다.

측량술이 '고향'을 떠나 '왜?'라는 물음을 안고 돌아왔을 때에야 비로소 도형에 관한 학문으로 완성되어 '금의환향'하게 된 셈 이다.

어떤 주장이 올바른 근거를 제시하는 것이 바로 증명이지.

증명

고대 메소포타미아인들은 피라 미드를 건설한 이집트인들보다 고도의 수학을 지녔다. 이집트와 메소포타미 아, 이 두 문명이 그리스 수학의 스승이 었다. 그러나 이들의 수학은 그 후 제자 격인 그리스 수학의 빛에 가려져서 한 낱 옛 이야깃거리의 구실을 하는 데 지 나지 않게 되었다. 그리스가 옛 스승을 압도해버린 힘의 원천은 '증 명'이라는 정신에 있었다. 수학을 현대의 로켓에 비유한다면, 증명의 정신은 핵연료에 해당한다. 이 가공의 무기(=증명)를 발명한 것이 그리스인이었던 것이다. 이러한 점에서 고대 그리스인은 인류문명 사를 길이길이 장식할 위대한 발명가였다.

공포의 피타고라스 정리

피타고라스의 신념을 무너뜨린 √2

중학교를 나온 사람이면, '피타고라스의 정리'를 모르는 사람은 아마 없을 것이다. 이 정리의 이름에서도 충분히 짐작할 수 있지만, 이것은 그리스의 철학자(당시에는 '수학자'라는 직업은 없었다.) 피타고라스가 발견한 정리이다.

TIP | **피타고라스 정리의 증명**

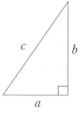

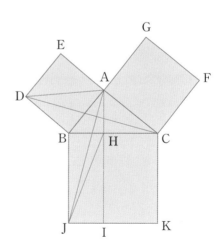

이 증명은 다음과 같다. 즉,
$\triangle$ADB＝$\triangle$CDB(삼각형의 넓이 공식)＝$\triangle$JAB(합동)＝$\triangle$BHJ(삼각형의 넓이 공식)
∴ □ABDE＝□BJIH.
□HIKC＝□ACFG도 같은 방법으로 증명된다.

이 정리는 앞의 직각삼각형에서

$$a^2+b^2=c^2$$

의 관계가 성립한다는 것인데, 사실은 이집트나 메소포타미아, 중국에서도 일찍부터 이것을 알고 있었다. 심지어 중국에서는 '피타고라스의 정리'라고 부르지 않고, 자기 나라의 발견자의 이름을 따서 '진자(陳子)의 정리'라고 부르고 있을 정도이다.

그런데 왜 하필이면 피타고라스의 정리인가? 이렇게 부를 만한 충분한 이유가 있다.

그 첫째 이유는 직각삼각형의 빗변과 다른 두 변 사이의 관계를 언제나 위의 식으로 나타낼 수 있다는 것을 밝힌 것은 피타고라스(또는 피타고라스 학파)가 처음이었기 때문이다.

바꿔 말하면, 이 정리를 사용한 다른 고대 문명사회에서는 구체적인 경우(가령, $3^2+4^2=5^2$)만을 다루었지, 일반적인 법칙으로는 이해하지 않았다. 그러니까 이 정리에 피타고라스의 이름이 붙는 것은, 이것이 모든 직각삼각형이 지니고 있는 공통적인 성질이라는 것을 증명한 사람이 피타고라스가 처음이었기 때문이다.

그 둘째 이유는 이 정리의 영향이 비단 기하학에 그치지 않고, 다른 수학 분야, 즉 대수학에까지도 크게 미쳤기 때문이다.

피타고라스는 "선분은 단위, 즉 1을 나타내는 점

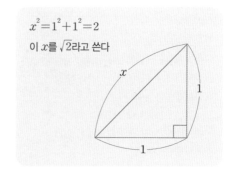

$x^2=1^2+1^2=2$
이 x를 $\sqrt{2}$라고 쓴다

들로 이루어져 있다"라고 굳게 믿고 있었다. 이 생각대로 따진다면 어떤 삼각형이라도 반드시 그 세 변의 길이를 정수로 나타낼 수 있어야 한다. 그런데 두 변이 1인 직각이등변삼각형에 피타고라스의 정리를 적용해보면 빗변의 길이는 $\sqrt{2}$가 되는데, 세 변의 길이의 비 $1:1:\sqrt{2}$는 어떻게 해도 정수의 비로 고칠 수가 없다. 결국 이 $\sqrt{2}$는 피타고라스가 생각했던 수의 세계 밖에 있는 것이다.

피타고라스 | 직각삼각형의 공통된 성질을 증명했지만 무리수의 존재를 인정하지 않았다.

$\sqrt{2}$는 나중에 정수의 비로 나타낼 수 없는 불합리한, 이치에 맞지 않는 수(?)라는 의미에서 무리수(無理數)라고 불리게 되지만, 당시에 이런 수의 존재는 '수는 오직 정수, 또는 정수와 정수의 비로 나타낼 수 있는 수뿐'이라는 피타고라스의 확신을 전적으로 부정하는 것이었다. 그 때문에 피타고라스는 무리수의 존재를 비밀에 부쳤다. 이 사실을 발설한 그의 제자가 그 다음날 바닷가에서 익사체로 발견되었다. 학파의 비밀을 지키지 않았다는 이유로 보복당한 것이라는 이야기가 전해지고 있다.

그러나 이러한 중대한 사실이 다른 누구도 모르는 채 그냥 비밀에 부쳐져 있을 리가 없다. 그 후,《(기하학)원론》의 저자 유클리드에 의해서 $\sqrt{2}$가 무리수라는 것이 밝혀졌다. 여러분이 학교에서 배웠던 것은 바로 이 유클리드의 증명이다.

피타고라스의 정리는 발견자인 피타고라스 자신의 의도와는 어긋나게 수의 세계를 유리수로부터 무리수를 포함한 실수(實數)로 확대하는 결과를 가져왔으나, 피타고라스에게는 '선분은 단위'라는 자신의 신념을 밑뿌리부터 무너뜨려버린 화근이었다. 자기를 찾아내준 주인을 삼켜버린 피타고라스 정리란 알고 보면 무서운 괴물인 셈이다.

그건 그렇고, 만일 피타고라스가 수는 정수뿐이라는 고집을 완강하게 주장하지 않았더라면, 그것 때문에 빚어지는 모순에 저토록 고민할 필요가 없었을 것이며, 그 모순을 극복하는 돌파구를 찾으려고 후세의 수학자들이 그토록 노력하지도 않았을 것이다. 실제로 수에 대해서 관대한(?) 태도를 취한 한국을 비롯한 동양의 수학은 끝내 무리수를 찾아내지 못했다.

히포크라테스의 초승달
직선도형과 곡선도형의 넓이가 같아지는 예

아래 그림과 같이, 직각이등변삼각형(직각을 낀 두 변의 길이가 같은 이등변삼각형)의 직각의 꼭짓점을 중심으로 하고, 직각을 낀 한 변을 반지름으로 하여 원둘레의 4분의 1인 호를 그린다.

그리고 직각이등변삼각형의 빗변을 지름으로 하는 반원을 이 호의 바깥쪽에 그려보면, 초승달 모양의 도형(색칠한 부분)이 만들어진다. 이 도형은 발견자의 이름을 따서 '히포크라테스의 초승달'이라고 불리고 있다.

이 '히포크라테스의 초승달'의 넓이와 처음의 직각이등변삼각형의 넓이를 비교해보자.

오른쪽 그림과 같이, 직각이등변삼각형
의 한 변 OA의 길이를 $2a$라고 하면, 4
분원(四分圓) OADB의 넓이는

$$\frac{1}{4} \times 4\pi a^2 = \pi a^2$$

그런데 반원 ACB의 지름 AB는,

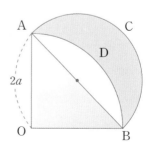

$$\overline{AB}=\sqrt{(2a)^2+(2a)^2}=2\sqrt{2}a$$

이기 때문에 이 반원의 넓이는

$$\frac{1}{2}\times2\pi a^2=\pi a^2$$

따라서, 사분원 OADB＝반원 ACB이다. 여기서, 공통부분인 활꼴 ADB를 빼면 △AOB＝초승달 ACBD가 된다.

즉, 직각이등변삼각형과 히포크라테스의 초승달의 넓이는 같다.

히포크라테스(Hippocrates)의 이 '초승달' 문제는 뒤에서 이야기 할 유명한 그리스 3대 난문 중의 하나인 '원적문제(圓積問題)' 즉, 원 넓이와 같은 넓이를 갖는 정사각형을 작도하는 문제와 깊은 연관이 있다. 이 '초승달'은 직선으로 둘러싸인 도형과 같은 넓이의 곡선도 형이 있다는 것을 알려 주었고, 그래서 그리스인들은 원과 같은 넓 이를 가진 정사각형을 만들 수 있지 않을까 하고 생각했던 것이다.

'의술의 아버지'로 알려진 또 한 사람 히포크라테스도 이 시대의 사람이다. 그래서 흔히 이 인물과 혼동하기 쉽지만, 수학자 히포크라 테스는 B.C. 430년경에 고향을 떠나 상인이 되었다가 나중에는 수 학자로 활동하게 되었고, 유클리드보다 1세기나 앞서《(기하학)원론》 을 펴냈다. 그의 이《원론》은 유클리드《원론》의 전신(前身)이었다는 말도 있다. 어쨌든 유클리드가 이 선구자의 연구를 많이 참고로 한 것만은 틀림없다.

또 히포크라테스는 다음과 같은 문제를 증명하였다. 즉, 다음 그림 에서 색칠한 두 개의 초승달의 넓이의 합은 직각삼각형 ABC의 넓 이와 같다는 사실 말이다.

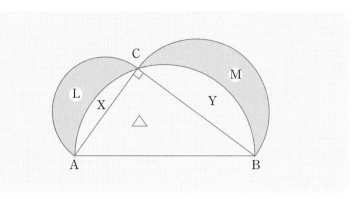

|증명| 위 그림의 삼각형 ABC에서 ∠C는 직각이다. 따라서 지름이 AB인 반원은 점 C를 지난다. 다음에 $\overline{AC}$ 및 $\overline{BC}$를 지름으로 하는 반원을 각각 그리면, 이 두 반원에 둘러싸인 두 개의 초승달의 넓이의 합은 삼각형 ABC의 넓이와 같다. 왜냐하면 피타고라스의 정리에 의해

$$\overline{AB}^2 = \overline{AC}^2 + \overline{BC}^2$$

이고, 반원은 모두 닮았기 때문에, 그 넓이는 각각의 지름의 제곱에 비례한다. (닮은 도형의 성질!) 따라서

(지름이 AB인 반원의 넓이)

= (지름이 AC인 반원의 넓이) + (지름이 BC인 반원의 넓이)

지금 두 초승달의 넓이를 L, M으로 하고, 지름이 AB인 반원이 선분 AC, BC에 의해 끊긴 부분(활꼴)의 넓이를 X, Y라 하고 삼각형 ABC를 △라고 하면,

$$\triangle + X + Y = X + L + Y + M$$
$$\therefore L + M = \triangle$$

히포크라테스는 이 밖에
도 원에 내접하는 정육각형
에 대한 '초승달'의 정리도
밝혔다. 다음 그림에서와 같
이 3개의 초승달 넓이의 합
계에 한 개의 작은 반원 넓
이를 합한 것이 처음 정육각
형 넓이의 $\frac{1}{2}$이 된다는 것이

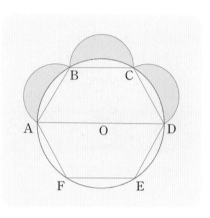

그것이다. 이 증명은 독자 여러분께 맡기겠다.

'초승달의 문제'는 얼핏 별것도 아닌 그저 그렇고 그런 퍼즐 문제
같이 보일지 모르지만, 사실은 이 평범한 겉모습 뒤에 2천년 이상 수
학자나 수학 애호가들을 괴롭혀온 기막힌 사연(원적문제)이 숨겨져
있다. 그러나, "뜻이 있는 곳에 길이 있다!"

지금으로부터 2400년도 더 오랜 옛날에, 그리스의 도시국가 아테네에 변론술을 직업적으로 가르치는 사람들이 나타나기 시작했다. 그들은, 실력 본위의 민주적인 사회에 알맞은 생활방법과 지식을 베푸는 재주를 지녔다는 뜻으로 '소피스트(Sophists, 지자(知者), 뛰어난 기예를 지닌 자)'라고 불렸다. 이들 소피스트 중에는, '인간은 만물의 척도'라는 유명한 말을 남긴 프로타고라스(Protagoras, B.C. 490?~420?)도 포함되어 있다.

'언어의 마술'에 의해서 듣는 이를 매료시키는 재주를 가진 이들 소피스트는 가르치는 대가를 받았던 탓으로, 소크라테스와 같이 무료로 지혜를 베푸는 철학자들의 멸시를 받기도 했다.

어쨌든 이들 직업 교사는 시민 교육에 대한 공이 컸던 것은 사실이지만, 한편으로는 궤변에 능숙하여 그릇된 것을 옳은 것처럼, 바른 것을 잘못된 것처럼 말을 꾸며내기도 했다. 수학에 관해서도 여러 가지 까다로운 문제를 내놓아, 내로라하는 재사들이 이 지적 유희 때문에 기진맥진하는 경우도 많았다.

그중에서도 가장 유명한 것이, 자와 컴퍼스만으로 다음의 세 가지를 작도해보라는 것인데, 이것이 '(작도의) 3대 난문'이다.

'주어진 원과 똑같은 넓이를 갖는 정사각형'
'주어진 정육면체의 꼭 2배가 되는 정육면체'
'주어진 각의 3등분'

각의 3등분 문제

여기서는 세 번째 '주어진 각의 3등분'에 대해서 생각해보자.

아래 그림은 직각을 3등분하는 경우이다. 먼저, 중심을 O로 하여 적당한 반지름의 호를 그리고, 이것과 OX, OY의 교점을 각각 A, B로 한다.

그 다음에 A, B를 중심으로 하여, 같은 반지름의 호를 각각 그리면 처음의 호와 만나는 점 P, Q가 생긴다. 이때, ∠XOY는 반직선 OP, OQ에 의해서 3등분된다. 증명은 간단하다. 두 삼각형 △OQA, △OPB는 둘 다 정삼각형이기 때문이다.

그러나 직각은 특수한 각이기 때문에, 이 각을 3등분할 수 있다고 해서 어떤 각이라도 3등분할 수 있다는 보장은 되지 않는다. 즉, 자와 컴퍼스만으로라는 조건이 붙는다면,

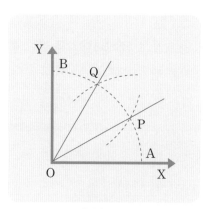

직각의 3등분

임의의 각을 3등분할 수 없다는 것이 지난 19세기에야 비로소 증명 되었다. 그러니까 문제가 나온 지 2천 수백 년이나 지난 다음에, 그 것도 '풀리지 않는다는 것'이 풀린 싱거운(?) 결과를 얻을 수 있었으 니, 소피스트가 내놓은 문제가 그동안 얼마나 많은 사람들의 머리를 썩였는지 짐작하고도 남을 것이다.

이 작도 문제에서 우선 생각해야 할 것은, 자와 컴퍼스만으로 작 도할 때, 어떤 것까지를 작도할 수 있는가라는 점이다. 이에 관해서 는, 계산의 4칙(+, −, ×, ÷)과 제곱근 구하기($\sqrt{\ }$)의 5가지 연산만 으로 구할 수 있는 것은 작도할 수 있다는 사실이 밝혀지고 있다. 이 것을 바탕으로 위의 '불가능의 증명'에 성공한 것이다.

자와 컴퍼스만으로는 임의의 각의 3등분은 불가능하다는 것이 이 제 밝혀졌으나, 이것은 어떤 방법으로도 불가능하다는 뜻은 아니다.

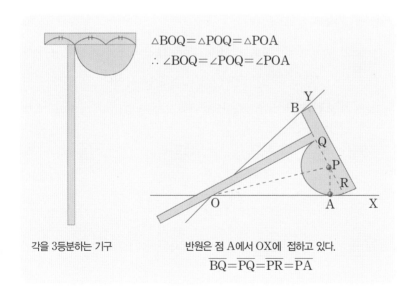

$$\triangle BOQ = \triangle POQ = \triangle POA$$
$$\therefore \angle BOQ = \angle POQ = \angle POA$$

각을 3등분하는 기구

반원은 점 A에서 OX에 접하고 있다.
$$\overline{BQ} = \overline{PQ} = \overline{PR} = \overline{PA}$$

실제로, 기구를 사용하면 어떤 각이라도 3등분할 수 있다. 다음 그림은 그러한 기구의 하나이다.

이 기구는 제도를 할 때 사용하는 T자 옆에 P를 중심으로 하는 반원이 붙은 모양을 하고 있다. 임의의 각∠XOY의 변 OY에 T자의 끝 B가 닿아 있고, 변 OA에 반원이 A에서 접하도록 대어 놓으면, 선분 OP와 OQ에 의해서 ∠XOY가 3등분되는 것이다.

아르키메데스(Archimedes, B.C. 287~212)의 방법

다음 그림과 같이 임의각 x가 주어졌다고 하자. 이 각의 기선을 좌우로 연장하고 O를 중심으로 반지름이 r인 임의의 반원을 그린다. 자의 가장자리에 두 점 A, B를 $\overline{AB}=r$이 되도록 잡는다.

점 B가 반원 위에 있도록 하면서, 자를 움직이고 A가 각 x의 기선의 연장선 위에 있고, 자의 가장자리는 각 x의 다른 한 변과 이 반원의 교점 위에 오도록 한다.

자를 이 위치에 둔 채로 직선을 그어, 그것과 x의 기선의 연장이 이루는 각을 y라고 하면 이 y가 x를 3등분한 각이다. 그 이유는 앞의 그림을 보면 쉽게 알 수 있다.

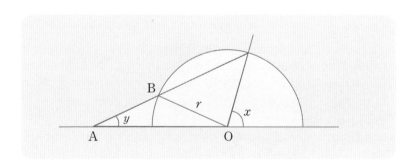

히피아스의 방법

오른쪽 그림의 정사각형에서, 변 AD($=a$)는 A를 중심으로 같은 속도(등각속도)로 변 AB쪽으로 움직이고, 윗변 DC($=b$)는 $\overline{\text{AB}}$와 평행인 상태로 같은 속도(등속도)로 $\overline{\text{AB}}$으로 내려오고 있다. 그리고 a와 b는 동시에 $\overline{\text{AB}}$에 도달하게 된다고 하자.

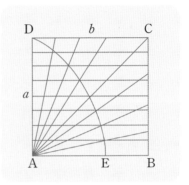

이때 각 순간에 있어서의 a와 b의 교점은 곡선 DE를 그린다. 이것이 원적곡선(圓積曲線)이다.

이 원적곡선을 사용해서 임의의 각을 3등분할 수 있다.

TIP 원적곡선에 의한 임의각의 3등분

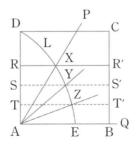

주어진 각을 ∠PAQ, 각의 변 AP와 원적곡선과의 교점을 X라고 하자. $a(=\text{AD})$가 AX의 위치까지 회전했을 때, b는 선분 RXR′까지 내려와 있다.

a가 ∠PAQ를 통과하는 시간과 b가 $\overline{\text{PA}}$를 통과하는 시간은 같기 때문에, 선분 RA를 S, T에서 3등분하여, 이들 두 점으로부터 각각 AB에 평행선을 그어, 원적곡선(L)과의 교점 Y, Z를 구하면 $\overline{\text{AY}}$, $\overline{\text{AZ}}$가 구하는 3등분선이다.

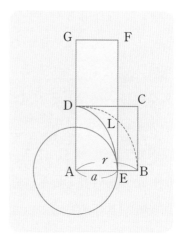

앞의 원적곡선은 그 명칭대로 원적문제를 해결하기 위해서 고안된 것이다. 실제로 이 곡선을 사용하면 다음과 같이 원적문제를 해결할 수 있다.

원적곡선 L은 다음과 같은 성질을 갖고 있다는 것이 알려져 있다. 그림에서 A를 중심으로 하는 원호 BD의 길이를 변(=반지름) AB로 축소하고, $\overline{AB}$를 이것과 같은 비율로 축소하면 선분 AE와 일치한다. 미적분의 지식을 동원하면 증명은 어렵지 않다.

이것을 비례식으로 나타내면

$$\text{호 } BD : \overline{AB} = \overline{AB} : \overline{AE} \ \cdots\cdots \ \text{❶}$$

이다. 여기서 변 AB를 r로 나타내면, $\widehat{BD}$는 원호이기 때문에 $\dfrac{\pi r}{2}$이 된다. 따라서 선분 AE의 길이를 a로 놓으면, 위의 ❶식은

$$\frac{\pi r}{2} : r = r : a$$

즉,

$$a = \frac{2r}{\pi} \ \cdots\cdots \ \text{❷}$$

와 같이 나타내어진다.

따라서 A를 중심으로 하고 a를 반지름으로 하는 원을 그리면, 그

넓이는 다음과 같다.

$$\pi a^2 = \pi a \left(\frac{2r}{\pi} \right)$$
$$= 2ra \quad \cdots\cdots ❸$$

따라서 반지름이 a인 원의 넓이는 $2ra$, 즉 두 선분 AD와 AE의 곱의 2배, 그러니까 밑변이 $\overline{AE}$, 높이가 $\overline{AD}$의 2배인 직사각형 □AEFG의 넓이와 같음을 알 수 있다. 이 직사각형의 넓이와 같은 넓이의 정사각형은 간단하게 만들 수 있다.

정육면체의 2배의 부피를 갖는 정육면체를 만드는 일

다음은 정육면체의 배적(倍積, 2배의 부피로 늘리는 것)의 문제를 생각해보자.

주어진 정육면체의 모서리 길이가 단위길이 1이라고 하면, 그 부피는 단위부피 1이다. 이 부피의 2배의 부피를 갖는 정육면체의 모서리의 길이 x는 $x = \sqrt[3]{2}$, 그러니까

$$x^3 - 2 = 0$$

의 해이다. 이 수 x는 자와 컴퍼스만으로는 작도할 수 없다. 그 증명은 그다지 어려운 것은 아니지만 여기서는 생략한다. 그리스인들이 고안했던 자와 컴퍼스 이외의 수단을 사용한 기계적 방법으로는 다음과 같은 것이 있다.

다음 그림에서 직각 MZN은 고정되어 있고, 직교하는 십자형B−VW−PQ는 움직일 수 있도록 되어 있다. 그리고 두 변 RS와

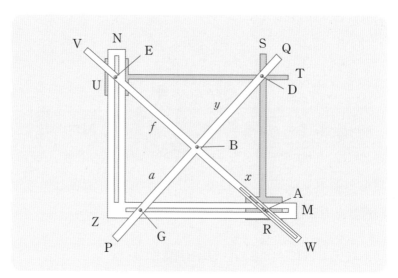

정육면체의 배적을 위한 기구

TU는 고정된 직각의 두 팔(변)과 수직을 이루면서 미끄러져 나갈 수 있다.

여기서, $\overline{GB}=a$ 및 $\overline{BE}=f$가 지정된 길이가 되도록 십자형 위에 두 점 E, G를 잡는다. 이때 $f>a$이면, 이들 두 점이 위 그림의 위치에 오도록 할 수 있다. 쉽게 알 수 있는 바와 같이,

$$a:x=x:y=y:f$$

이므로, 이 식에서 $f=2a$와 같이 잡으면

$$x^2=ay,\ xy=af$$

가 되므로

$$x^3=2a^3$$

이다.

따라서 x는 모서리의 길이가 a인 정육면체의 2배의 부피를 갖는 정육면체의 한 모서리의 길이이다.

우리나라 속담에 '옳게 가나 거꾸로 가나 서울만 가면 그만'이라는 말이 있다. 이런 식으로 따진다면, 어떤 방법으로든 임의의 각을 3등분할 수만 있으면 되는 것이지, 괜스레 자와 컴퍼스만을 고집하다 그토록 오랜 세월을 낭비한다(?)는 것은 도저히 상상할 수 없는,

어리석기 짝이 없는 노릇이다.

정말 그럴까? 아니다! 수학에서 위의 속담은 통하지 않는다. 사실 그렇다기보다도 그러한 마음가짐은 무엇보다도 경계해야 한다.

학교에서 글쓰기를 할 때 원고지 매수에 대해 이야기가 나오는데, 으레 그때마다 '~매 이상'을 쓰라고 한다. 그러나 대학에 들어가서 수학에 관한 보고서를 쓸 때에는 거꾸로 '~매 이하'라는 조건이 반드시 붙는다. 이 제한이 붙는 이유는, 같은 내용이라도 되도록 간단 명료하게 나타내는 것이 수학에서는 미덕이기 때문이다.

같은 정리일지라도, 간단히 표현할수록 좋다. 예를 들어 평행선에 관한 유클리드의 공리는 본래는 다음과 같이 선뜻 알아들을 수 없는 내용이었다.

"한 직선 c가 두 직선 a, b와 만났을 때, 같은 쪽에 있는 안각 $\angle$A 와 $\angle$B의 합 $\angle$A$+\angle$B를 $180°$보다 적게 하여, 이 두 직선 a, b를 연장하면 (내각의 합이) $180°$보다 작은 쪽에서 만나게 된다."

다음의 그림을 보지 않아도 이 명제의 뜻을 금방 이해할 수 있다면

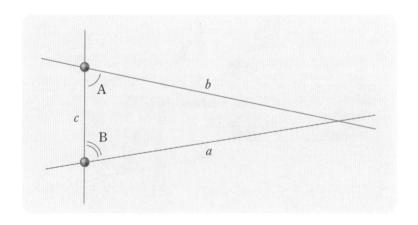

머리의 회전이 아주 빠른 사람이다. 이것을 현재 우리가 알고 있는

"한 점을 지나고 주어진 한 직선에 평행인 직선은 꼭 한 개 있다" 로 간단하게 표현할 수 있게 된 것은 18세기의 일이다. 이렇게 바꾸어 표현한 사람의 공로를 치하하기 위해서 이것을 '플레이페어 (Playfair)의 공리'라고 부르고도 있을 정도이다.

표현이 길어진다는 것은 그만큼 조건이 많아져서 응용하기가 힘들다는 것을 뜻한다. 또, 문제를 푸는 데에도 가능하면 간단히 푸는 것이 좋다는 것은 말할 나위가 없다. 그리고 쓰이는 도구나 정리도 간단한 것일수록 바람직하다. 이것은 그리스 시대부터 줄곧 수학을 지배해온 중심 사상이다.

이 결백성이 없었다면 수학은 오늘날과 같이 발전할 수가 없었다. 아무리 사소한 점이라도 처음의 약속(조건)과 어긋나는 하자가 발견되면 모든 것을 무너뜨리고 처음부터 다시 시작하는 비정하리만큼 매서운 지성의 칼날, 이것이 수학이다. 남극의 얼음보다도 더 찬 기운이 도는, 수학이라는 지성의 빛에 매혹되어 일생을 바친 사람들이 수없이 많았다. "만일 수학이 없었다면 이 멋없는 세상을 진작 하직했을 것이다"라고 말한 사람은 20세기의 수학의 거장 버트런드 러셀이었다.

철학자 플라톤은 직선으로 둘러싸인 면은 모두 반드시 삼각형으로 분해할 수 있기 때문에, 삼각형은 가장 기본적인 도형이라고 했다. 실제로 다각형 중에서는 삼각형이 가장 간단하다. 그러다가 변의 개수를 하나 더 늘린 사각형만 되면, 삼각형에 비하여 훨씬 복잡해진다.

예를 들어 이등변삼각형이라고 하면, '이웃한 두 변(또는 두 각)이 서로 합동인 삼각형'이라고 하면 그만이지만, '이등변사각형'은 그렇게 간단히 말할 수 없다. 다음 그림을 보면 알 수 있듯이, 이웃한 변

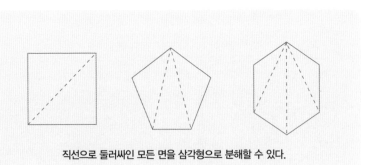

직선으로 둘러싸인 모든 면을 삼각형으로 분해할 수 있다.

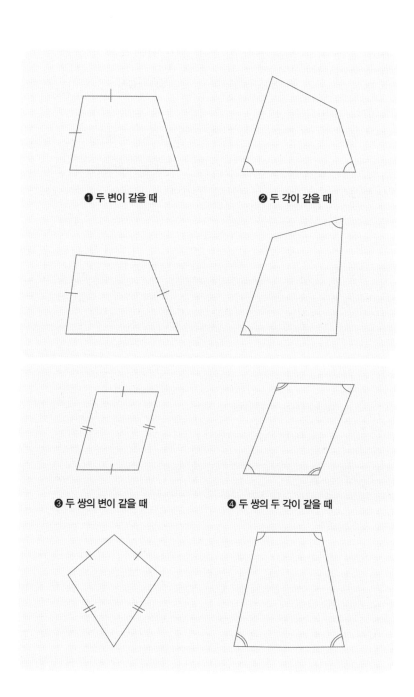

❶ 두 변이 같을 때

❷ 두 각이 같을 때

❸ 두 쌍의 변이 같을 때

❹ 두 쌍의 두 각이 같을 때

(각)이 같을 때와, 맞선 변(각)이 같을 때를 서로 다른 경우로 생각해야 하고, 게다가 두 쌍이 같은 경우(그림 ❸과 ❹)가 있으며, 그것도 두 종류나 되기 때문이다.

삼각형에서는 '이등변삼각형＝이등각삼각형'이었으나, 사각형의 경우에는 '이등변사각형'이 곧 '이등각사각형'이라고 말할 수는 없다. 삼각형과 사각형은 얼핏 생각하기에는 3이 4로 바뀐 것뿐이지만, 사실은 엄청난 차이가 있다.

첫째, 삼각형은 세 변의 길이를 정하면 고정되고 움직이지 않지만, 사각형은 네 변의 길이가 정해져도 모양이 여러 가지로 바뀐다.

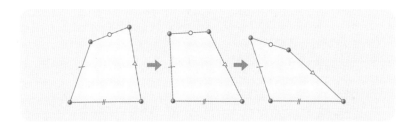

둘째, 삼각형에는 오목한 것이 없으나 사각형에는 있다. 즉, 삼각형은 '凸(볼록)삼각형'뿐이지만, 사각형에는 '凸사각형'도 '凹(오목)사각형'도 있다. 물론, 사각형만이 아니고 오각형, 육각형 …에도 '오목(凹)'과 '볼록(凸)'이 있다.

셋째, 사각형 중에는 '비틀린'(또는 '꼬인') 위치의 것도 있다. 아래 그림은 A에서, 마치 열차 선로와 버스 노선이 입체 교차하는 것처럼 되어 있다.

이런 것은 사각형도 사변형도 아니라고 말하는 사람이 있을지 모른다. 그러나 이러한 것도 '4개의 각과 4개의 변으로 이루어진 도형'

이라는 정의에 조금도 어긋나지 않으므로 사각형(4변형)으로 간주할 수 있다.

하기야 '평면 위의 도형'이라는 조건을 이 정의에 덧붙인다면 입체 교차하는 경우는 제외시킬 수 있지만, 삼각형 이상의 다각형, 즉 사각형, 오각형 … 등은 입체적으로도 생각할 수 있다는 사실을 염두에 둘 필요가 있다. 철사를 틀어서 삼각

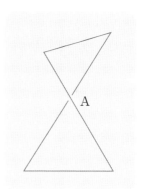

형을 만들면 언제나 평평한 탁자 위에 짝 들러붙지만, 사각형인 경우에는 그렇게 되지 않을 때가 있는 것은 이 때문이다.

지금까지의 이야기를 잘 음미해보면 처음에 이야기했던 플라톤의 말은 아주 깊은 뜻을 담고 있음을 알 수 있다.

우주의 신비를 담은 도형
재미있고 신비한 정다면체의 성질

평면에 그릴 수 있는 정다각형은 정삼각형, 정사각형, 정오각형, 정육각형 … 등으로 변의 개수를 얼마든지 늘릴 수 있다.

그렇다면 공간 속에 그려지는 정다면체도 정사면체, 정오면체, 정육면체, 정칠면체 … 등과 같이 면의 개수를 얼마든지 늘릴 수 있을까? 아니다. 정다면체의 개수는 모두 합쳐 보아야 겨우 정사면체, 정육면체, 정팔면체, 정십이면체, 정이십면체의 다섯 가지밖에 없다.

이 중에서 정사면체, 정육면체, 정팔면체 세 가지는 이미 이집트인들도 알고 있었다지만, 수학적으로 이것을 연구하기 시작한 것은 그리스인이었다.

지금 말한 세 개의 정다면체는 피타고라스와 그의 제자들에 의해, 그리고 나머지 두 다면체는 테아이테토스(Theaetetus)라는 수학자에 의해서 이론적으로 밝혀졌다.

그러나 일반적으로 이 5개의 정다면체는 보통 '플라톤의 도형'이란 이름으로 알려져 있다. 플라톤은 소크라테스의 제자로 그리스 최고의 철학자이다.

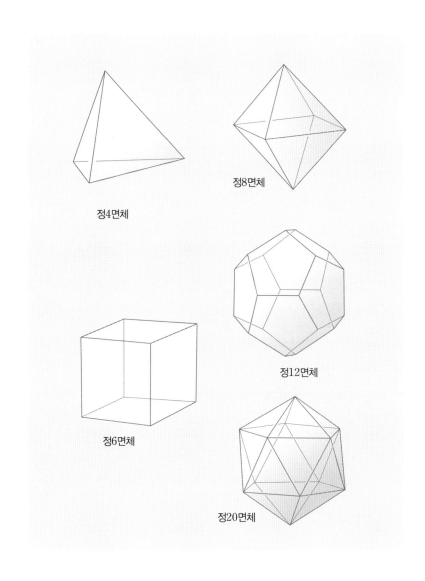

정4면체

정8면체

정6면체

정12면체

정20면체

정다면체는 각 꼭지점에 모이는 면과 모서리의 개수가 같고, 각 면이 정다각형인 입체이다.

곧, 4개의 정삼각형으로 이루어진 정사면체, 6개의 정사각형으로 이루어진 정육면체, 8개의 정삼각형으로 이루어진 정팔면체, 12개의 정오각형으로 이루어진 정십이면체, 20개의 정삼각형으로 이루어진 정이십면체가 그것이다.

이들 5개의 정다면체는 서로 아무런 관계가 없는 것 같이 보이지만, 실은 아주 재미있는 관계가 있다.

먼저, 정십이면체부터 시작해보자. 정십이면체를 여러 가지 방향으로부터 절단해보면 8가지의 다각형이 단면에 나타난다. 1개의 꼭지점을 잘라내면 삼각형이 되고 2개, 3개, 4개의 꼭지점을 동시에 잘라내면 각각 사각형, 오각형, 육각형이 된다. 또, 5개의 꼭지점을 동시에 잘라내면 그 방법에 따라 오각형 또는 칠각형이 생기고, 또 꼭지점이 6개면 육각형 또는 팔각형이 된다. 7개면 칠각형, 8개면 육각형 또는 팔각형, 9개일 때에는 칠각형 또는 구각형, 그리고 10개일 때에는 십각형이 된다.

특히 아래의 그림 ❶과 같이 정사각형을 만드는 작업을 되풀이하면, 그림 ❷와 같이 정육면체가 나타난다.

그래서 정십이면체 → 정육면체가 된다는 것을 알 수 있다.

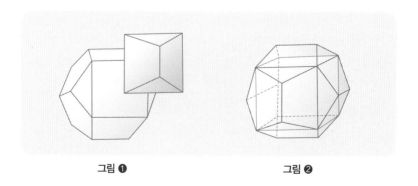

그림 ❶   그림 ❷

그리고 그림 ❸과 같이 하면 정육면체 → 정사면체가 된다.

다음에는, 정사면체를 밑면과 평행하게 높이의 $\frac{1}{2}$이 되는 곳에서 잘라내면 그림 ❹처럼 단면에는 정삼각형이 나타난다. 이와 같은 방법으로 4개의 꼭지점을 모두 잘라내면 그림 ❺와 같이 정팔면체가 생긴다.

곧, 정사면체 → 정팔면체인 것이다.

그림 ❻을 보고, 정팔면체로 정이십면체를 만들어 내는 것은 독자 여러분께 맡긴다.

결국, 정십이면체에서 시작하여 정이십면체까지 차례로 5개의 정다면체를 만들어갈 수 있다.

그리스의 철학자 플라톤은, 이 사실을 바탕으로 정사면체를 불, 정육면체를 흙, 정팔면체를 공기, 정이십면체를 물, 그리고 이 4원소를 전부 그 속에 간직하고 있는 정십이면체를 대우주의 상징이라고 생각했다. 이성적인 그리스인들도 과학과 신비를 뒤범벅해서 생각했음을 알 수 있다.

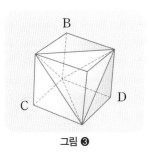

그림 ❸

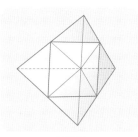

그림 ❹

그림 ❺

그림 ❻

플라톤의 친구인 테아이테토스는 5개의 정다면체에 대해서 누구보다도 철저히 연구를 하여, 그 결과 '정다면체는 꼭 5개만 있다'는 정리를 증명했다. 유클리드의 《원론》에는 이 증명이 실려 있을 뿐만 아니라, 구에 내접하는 정다면체의 모서리와 지름의 비가

$$\sqrt{\frac{2}{3}}(\text{정사면체}), \quad \sqrt{\frac{1}{2}}(\text{정팔면체}), \quad \sqrt{\frac{1}{3}}(\text{정육면체}),$$

$$\sqrt{\frac{5-\sqrt{5}}{10}}(\text{정이십면체}), \quad \frac{\sqrt{5}-1}{2\sqrt{3}}(\text{정십이면체})$$

이라는 사실을 밝히고 있다.

그러나 정다면체를 대하는 그리스인들의 시각은 다분히 형이상학적인, 내지는 신비주의적인 것이었다. 그 대표적인 예가 플라톤이다. 그는 십이면체가 우주를 표현한다는 특별한 역할을 부여하였으며, "신은 이것을 전 우주를 위해서 쓰셨다"라는 수수께끼 같은 말을 남겼다. 이 사실은 다

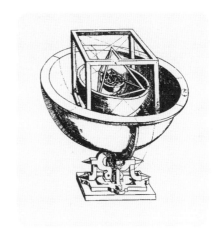

케플러의 행성계 모델 | 행성의 궤도를 5개의 정다면체와 연결지어 보여주고 있다.

면체 연구가 지금 생각하는 것처럼 순전히 수학적인 관심에서 출발한 것이 아님을 짐작하게 해준다.

'케플러의 3법칙'으로 유명한 대천문학자 케플러 역시 행성의 궤도를 5개의 정다면체와 연관지어 다음과 같이 말했다.

"지구 이외의 행성이 5개밖에 없음은 새삼 말할 필요가 없다. 한편, 정다면체도 5종류밖에 만들 수 없다. 정4, 6, 8, 12, 20면체가 그것이다. 먼저 지구의 궤도가 포함된 하나의 구면을 생각한다. 이것과 외접하는 5종류의 정다면체를 그리고, 또 이것들과 각각 외접하는 구면을 구하면, 이것들이 행성의 궤도가 된다."

이처럼 다면체 연구가 수학 이외의 신비적인, 또는 미신에 가까운 사상에 의해서 뒷받침되고 있었다는 것은 아주 흥미를 끈다.

아르키메데스의 묘비
죽음에 새긴 수학적 조화로움

    과학자의 수가 별처럼 많다고 하지만 아르키메데스(Archimedes, B.C. 287~B.C. 212)처럼 위대한 과학자는 극히 드물다. 그는 인류역사상 가장 위대한 과학자 중 한 사람이다. 그는 원주율 연구, 지렛대 연구, 포물선 연구 등으로 우리에게 알려져 있지만 단순한 수학자가 아니었고, 물리학에 관해서도 수많은 업적을 남겼으며 그 지식을 이용하여 당시로선 최신의 과학 무기도 발명했다. 그가 목욕 중에 우연히 발견했다는 부력의 원리는 여러분도 잘 알고 있을 것이다.

    그의 최후는 극적이었다. 그의 모국 시라쿠사가 로마의 침략을 받고 적군이 노도처럼 침범해 왔다. 이때 아르키메데스는 땅에 원을 그리며 생각에 잠겨 있었다. 이때, 로마의 병사 하나가 뛰어들어 그가 모래판에 그려놓은 도형을 밟고 지나가려 하자 아르키메데스는 "이 그림을 밟지 마라!"라고 호통을 쳤다. 무식한 병사가 이 위대한 과학자의 마음을 헤아릴 턱이 없었다. "시건방진 늙은이가 제 처지도 모르고…"라는 욕설과 동시에 오랜 전쟁에서 거칠어질 대로 거칠어진 이 로마 병사는 아르키메데스를 단칼에 베어 죽이고 말았다.

모자이크 벽화 | 로마의 병사에 의해 죽음을 맞는 아르키메테스의 모습을 그리고 있다.

위대한 아르키메데스를 진심으로 존경하고 있었던 침략군의 사령관 말케르스는 나중에야 이 사실을 알고 몹시 가슴 아파했다고 한다. 그리하여 고인의 위대한 업적을 길이 빛내기 위해 원기둥에 구가 내접하도록 새긴 묘비를 세웠다.

아르키메데스는 이 기하학적 그림에 내포되어 있는 매우 아름다운 수학적 조화를 발견하고 늘 자신이 죽으면 그것으로 묘비를 삼아 줄 것을 가족들에게 부탁했다는 사실을 사령관이 전해들었던 것이다.

이 수학적 조화란 다음과 같다.

원기둥의 밑변의 반지름을 r, 높이를 h로 한다면 이 원기둥의 부피는 $\pi r^2 h$, 원뿔의 부피는 $\dfrac{1}{3}\pi r^2 h$이다.

한편 구의 부피는 $\frac{4}{3}\pi r^3$인데 이때 구가 원기둥에 내접하고 있기 때문에 $h=2r$이다. 따라서

$$\text{원뿔 : 구 : 원기둥} = \frac{2}{3}\pi r^3 : \frac{4}{3}\pi r^3 : 2\pi r^3 = 1 : 2 : 3$$

이 된다. 아르키메데스는 1, 2, 3으로 된 비를 발견하고는 이처럼 아름다운 것은 없다고 하였다.

그도 역시 우주는 수학적으로 조화롭게 짜여져 있으며, 그 중에서도 1, 2, 3 …과 같은 정수는 가장 중요한 구실을 한다고 믿는 그리스 철학자 중 한 사람이었다.

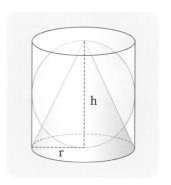

그리스인의 착출법

미적분학의 기초를 세우다

착출법

앞에서 이야기한 '히포크라테스의 초승달'의 중요한 점은, 곡선으로 둘러싸인 도형이면서 직선으로 된 도형과 넓이가 같다는 것이었다. 이 때문에 원의 넓이와 똑같은 넓이를 가지는 정사각형을 찾아내는 원적문제(圓績問題)가 그리스인들의 호기심을 자극했던 모양이다.

이런저런 문제와 관련해서 그리스의 수학자들은 일찍부터 곡선도형(곡선으로 둘러싸인 도형)의 넓이를 구하는 문제를 해결하는 데에 열을 올렸다. 그 결과 '착출법(搾出法, 또는 소진법(消盡法))'이라는 넓이 계산법이 태어났다.

곡선도형의 넓이 계산 중에서 가장 간단한 것이 원넓이이다. 안티폰(Antiphon, B.C. 500년경)이라는 사람은 다음 그림 ❶과 같이 원에 내접하는 다각형의 변의 개수를 계속 늘려가는 방법으로 원넓이의 근사값을 구했다.

이에 대해서, 아르키메데스의 방법은 그림 ❷와 같이, 내접 다각형과 외접 다각형을 함께 이용하는 것으로 오늘날 '심프슨의 방법'이

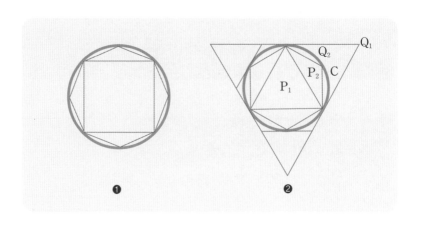

라는 이름으로 알려진 것과 흡사하다.

즉, 내접다각형의 열

$$P_1 < P_2 < P_3 < \cdots < P_n < \cdots$$

과 외접다각형의 열

$$Q_1 > Q_2 > Q_3 > \cdots > Q_n \rangle \cdots$$

을 그림 ❷와 같이 원 C에 접근시킨다. 즉,

$$P_1 < P_2 < \cdots < C < \cdots < Q_2 < Q_1$$

이와 같이 안팎으로부터 다각형을 조여가
면서 그 극한으로 원의 넓이 C를 구하는
것이다. 내접 및 외접다각형은 직
선 도형이기 때문에 그 넓이는
구할 수 있다.

이러한 방법을 '착출법'이라 이름
붙인 것은, 어미소의 젖에서 우유
를 짜내는 것(搾出)처럼, 곡선도형

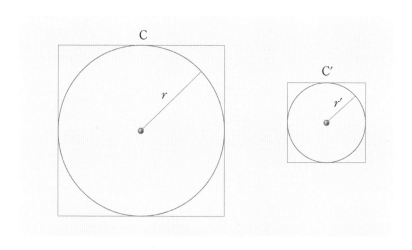

(원)의 내부를 빠짐없이 덜어내어 셈한다는 뜻에서였다.

이 방법을 성공적으로 발전시킨 사람은 철학자 플라톤의 친구였던 수학자 에우독소스(Eudoxos, B.C.408~355)와 지금 이야기한 아르키메데스 두 사람이다.

그중에서 에우독소스에 의한 증명은 유클리드의 《(기하학)원론》속에 실린 "원의 넓이는 반지름의 제곱에 비례한다"의 증명(위의 그림)으로 소개되어 있다. 이 증명은 얼핏 보기에 너무나 당연한 것처럼 보이지만, 실은 여기서 착출법이 필요하다. 어떻게 쓰이는지 생각해보기 바란다.

$$C : C' = r^2 : r'^2$$

포물선의 넓이

착출법을 완성시킨 사람은 아르키메데스이다. 그의 착출법 중에서 가장 유명한 것은 포물선이 만든 활꼴(弓形)의 구적이다.

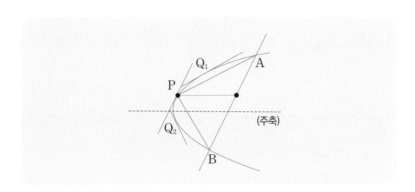

다음 그림과 같이 현 AB와 포물선 APB에 의해 둘러싸인 넓이를 구하기 위해, 먼저 현 AB의 중점을 지나고 포물선의 주축에 평행인 직선과 포물선의 교점을 P라고 하자. 그러면 잘 알려진 바와 같이, 점 P는 호 APB 위의 점 중에서 현 AB로부터 가장 먼 점이다. 즉 점 P에서의 포물선의 접선은 현 AB에 평행이 된다.

여기서 삼각형 APB의 넓이를 △라 하자. 이 삼각형을 떼어낸 나머지 두 부분도 역시 포물선의 호와 현에 의해 둘러싸여 있기 때문에, 이것들에게도 똑같은 방법을 써서 내접삼각형을 떼어내면, 나머지는 네 개의 부분이 된다. 이때 떼어낸 두 내접삼각형의 넓이는 같고, 각각 $\frac{1}{8}$△가 된다는 것은 이미 알려져 있다. 따라서 처음부터 떼

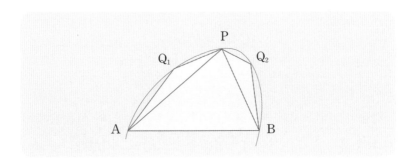

어낸 삼각형 전체의 합은,

$$\triangle+\frac{1}{4}\triangle$$

가 된다. 이 방법을 계속하면 나머지 부분의 넓이는 차츰 줄어들게 되어 결국 넓이는,

$$\triangle+\frac{1}{4}\triangle+\frac{1}{4^2}\triangle+\cdots$$

라는 등비급수의 합을 구하면 된다. 이 값을 구하기 위해서 아르키 메데스는 다음과 같은 방법을 사용했다.

$a_1, a_2, a_3, \cdots, a_{n-1}, a_n$이 각각 그 바로 앞의 항의 $\frac{1}{4}$이라고 할 때,

$$a_2=\frac{1}{4}a_1, a_3=\frac{1}{4}a_2, \cdots$$

그리고 $b_2, b_3, \cdots, b_{n-1}, b_n$을 각각 $a_2, a_3, \cdots, a_{n-1}, a_n$의 $\frac{1}{3}$이라고 하면,

$$a_2=\frac{1}{4}a_1, b_2=\frac{1}{2}a_2$$

$$\therefore a_2+b_2=\frac{1}{4}a_1+\frac{1}{3}a_2=\frac{1}{4}a_1+\frac{1}{3\times4}a_1=\frac{1}{3}a_1$$

마찬가지로,

$$a_3+b_3=\frac{1}{3}a_2, \cdots, a_n+b_n=\frac{1}{3}a_{n-1}$$

$$\therefore (a_2+a_3+\cdots+a_n)+(b_2+b_3+\cdots+b_n)$$
$$=\frac{1}{3}(a_1+a_2+\cdots+a_{n-1})$$

그런데,

$$b_2+b_3+\cdots+b_n=\frac{1}{3}(a_2+a_3+\cdots+a_{n-1})+\frac{1}{3}a_n$$

$$\therefore a_2+a_3+\cdots+a_n=\frac{1}{3}a_1-\frac{1}{3}a_n$$

여기에서 a_1에 $\triangle$를 대입하면,

$$\triangle + \frac{1}{4}\triangle + \frac{1}{4^2}\triangle + \cdots + \frac{1}{4^n}\triangle = \left(\frac{4}{3} - \frac{1}{3 \times 4^n}\right)\triangle$$

그런데,

$$\lim_{n \to \infty} \frac{1}{3 \times 4^n}\triangle = 0 \quad \text{'}n \to \infty\text{'은 } n \text{이 한없이 커지는 상태}$$

따라서 현 AB와 포물선 APB로 둘러싸인 넓이는 $\frac{4}{3}$

이 구적법의 바탕이 된 가장 중요한 사상은, 차례로 만들어지는 짧은 현(弦)으로 된 꺾인 선이 $n \to \infty$일 때 포물선의 호와 같게 된다는 것, 따라서 이들 삼각형의 넓이 전체의 합이 포물선의 호와 현에 의해 둘러싸인 부분의 넓이가 된다는 것이다.

이 착출법의 기초가 되는 중요한 명제가 다음의 '아르키메데스의 공리'이다. 단, 이 공리는 사실은 무한분할 가능성을 전제로 하고 있다는 점에 유의할 필요가 있다.

두 개의 양 a와 b가 있고 $a < b$일 때, $na > b$ (또는 $a > \frac{b}{n}$)를 만족하는 자연수 n이 존재한다.

이것은 요즈음에는 극히 상식적이고 직관적으로도 그럴듯하다. 실제로 현대의 미적분학에서도 당연한 것으로 인정하고 있다. 그러나 당시에는 바로 여기 즉, 무한분할 가능성에 문제가 있었다.

그래서 아르키메데스는 일단 계산해낸 결과를 가지고, 새삼스럽게 부채꼴의 넓이 S는 '$\frac{4}{3}\triangle$'가 아니면 모순이 생긴다는 것을 귀류법을 써서 다시 힘들여 증명하고 있다. 그 증명은 상당히 복잡하기 때문에 여기서는 생략하겠다. 바꿔 말하면, 부채꼴의 넓이를 구하는 그의 계산 방법이 '무한급수의 합' 따위를 인정하지 않는 당시로서는 불충분한 것이었던 셈이다. 왜 아르키메데스와 같은 대천재가 간단히 할 수 있는 계산을 그렇게 복잡하게 증명해야만 했는지를 이제 어렴풋하나마 눈치챘을 것이다.

그리스인은 모든 것을 공간상에서 생각하는 기하학적 사고를 중요시했다는 사실을 잊어서는 안 된다. 따라서 포물선의 넓이를 구하기 위해 삼각형 APB로 부터 시작해서 포물선에 점점 가깝게 만든 다각형도 공간 속에 있는 도형이어야 한다. 물론, 그 넓이

$$\triangle, \ \triangle+\frac{1}{4}\triangle, \ \triangle+\frac{1}{4}\triangle+\frac{1}{4^2}\triangle, \ \cdots$$

등도 그러한 성질을 지니고 있어야 한다.

이처럼 착출법이 다루는 것은, 사실은 무한급수 $a_1+a_2+\cdots+a_n+\cdots$의 합이다. 그러나 정면으로, 무한개의 항을 가진 급수, 즉 무한급수를 다룬다는 것은, 무한을 배척하고 유한적인 것만을 고집했던 고대 그리스인들의 처지로서는 아예 입 밖에 낼 수가 없었다. 그래서 겉으로는 무한을 내세우지 않고 무한(무한급수의 합)을 다루기 위해 고안된 방법이 착출법이었던 것이다.

흔히 아르키메데스를 미적분학의 선구자라고 일컫는다. 그것은, 착출법이라는 일종의 극한(極限)개념을 써서 곡선도형의 넓이를 구했다고 해서인 것 같다. 그러나, 이 방법은 엄격히 말해 '무한'을 셈한 것은 아니다. 실제로 그 자신이 자유로이 무한이라는 개념을 사용하는 데 구애를 받았다는 사실이 그 증거이다. 그도 역시 "어떠한 천재도 그가 속하는 시대를 벗어날 수 없다"는 경구(警句)를 몸소 겪어야 했던 한 사람이다.

삼각형의 넓이를 구하는 공식이 '밑변 × 높이 × $\frac{1}{2}$'이라는 것쯤은 누구나 잘 알고 있다. 그러나 이 공식을 알고 있다는 것은, 어떤 경우에도 이 공식으로 삼각형의 넓이를 구할 수 있다는 뜻은 아니다. 아니, 실제로는 이 공식은 별로 쓸모가 없는 것이라고 말해야 옳을 것 같다.

가령, 산을 둘러싼 평지 위의 세 점을 이은 삼각형의 넓이를 어떻게 셈하면 될까? 이 삼각형의 높이를 알 길이 없는데 말이다. 이런 때 쓸모 있는 공식이 세 변의 길이만 알면 어떤 지형에 그려진 삼각형일지라도 그 넓이를 구할 수 있는 '헤론의 공식'이다.

$$K = \sqrt{s(s-a)(s-b)(s-c)}$$

(단, a, b, c는 삼각형의 세 변이고, s는 세 변의 길이의 합의 $\frac{1}{2}$이다.)

헤론의 공식을 만든 헤론(Heron)은 기원전 100년쯤 알렉산드리아에서 활약했던 수학자인데, 유클리드의 《(기하학)원론》에 실린 추상적인 기하학이 아니라, 그리스인들이 멸시했던 이른바 실용적인 수학을 연구했으므로 그리스인이 아니라 이집트인이나 바빌로니아인이었을지도 모른다는 추측을 낳을 정도였다.

아무튼 이러한 실용적인 기하학이 있었다는 것은, 그리스에는 지금까지 우리가 알고 있는 체계적, 추상적이고 따라서 그만큼 비실용적인 기하학 이외에 일상생활에서 쓸모가 있는 기하학도 있었다는 것을 암시해 준다.

헤론의 공식은 삼각측량에 널리 사용되고 있다.

유클리드식의 기하학과는 판이하게 다른 헤론의 기하학의 예를 한 가지 더 들어보자.

"어떤 원의 지름, 둘레, 그리고 넓이의 합이 212라고 한다. 이때, 지름의 길이를 구하여라.(단, π의 값은 $\frac{22}{7}$)"

답은 다음과 같이 하여 지름의 길이 14를 얻는다. 즉,

"212에 154를 곱하고, 이것에 841을 더한 것의 제곱근을 취하여, 거기서 29를 빼고 11로 나눈다."

위의 풀이를 현대식으로 나타내면 다음과 같다.

지름의 길이를 d라고 할 때, '지름＋원둘레＋원넓이'가 212이므로

$$d + \frac{22}{7}d^2 + \frac{11}{14}d^2 = 212$$

$$\frac{11}{14}d^2 + \frac{29}{7}d = 212$$

양변에 154를 곱하면,

$$11^2 d^2 + 58 \times 11d = 212 \times 154$$

또, $29^2 = 841$을 양변에 더하여, 완전제곱꼴을 만든다.

$$(11d+29)^2=33489$$
$$\therefore 11d+29=183$$
$$\therefore d=14$$

혜론의 공식은 삼각측량에 널리 사용되고 있다.

이 혜론의 계산 방법은 지름(1차원)과 넓이(2차원)라는 서로 다른 차원의 양을 하나로 묶어서 다루고 있다는 점에서 수학적으로 세련되진 않다. 게다가 구체적인 수치를 주고 문제를 푼 데다가, 계산 방법을 마치 요리법처럼 아무런 설명 없이 단도직입적으로 지시하고 있다는 점에서도 수학답지가 않다.

이런 점으로 미루어 혜론식의 계산 수학은, 다분히 철학적인 냄새가 나는 이론 수학이 아니라, 실제적인 지식을 요구하는 기술자용 수학이었음을 알 수가 있다.

혜론의 생애에 관해서는 거의 알려진 바가 없다. 다만 아르키메데스보다 뒤 시대의 사람이었던 것만은 확실하다. 그의 저서를 통해서 알 수 있는 것은 그가 당시로서는 아주 독창적인 과학자, 기술자였다는 사실이다. 혜론은 응용 수학이나 역학(力學) 분야에서 많은 업적을 세웠으며, 이 방면의 발명가로도 알려져 있다.

일찍이 플라톤은 수학 지식을 실제 문제에 응용하는 일은 수학의 순수성을 더럽히는 일이라고 업신여겼다. 수학은 현실의 하찮은 문제가 아니라 영원한 진리를 위해 봉사해야 할 고상한 학문이어야 한다는 것이 그의 주장이었다. 아르키메데스도 수학 지식을 실용적인 문제에 이용하기는 했지만, 그가 기계나 물리학, 또는 다른 기술 분야에 그 지식을 응용했을 때도 그 자신은 수학의 순수 이론을 더 중요시했다.

그러나 실제의 응용을 더 중요시한 헤론은 이 점에서 당시의 누구보다도 근대적인 과학자였던 셈이다.

하긴, 일찍이 유클리드 시대에도 난해한 추상수학(기하학)을 가르치는 스승에게 "이런 것 배워서 무엇에 쓰여집니까?"라는 당돌한 질문을 던진 실용주의자가 있었다. 헤론과 같은 실제적인 문제를 중요시하는 수학자는 언제 어디서나 있기 마련이다. 다만, 그러한 수학자의 이름이 알려져 있지 않은 것은 수학의 순수성을 중시하는 시대적인 분위기에 그들의 활동이 가려져 있었기 때문이다. 이런 수학자의 존재가 돋보이는 것은 고대 과학의 말기에 볼 수 있는 현상이었다고 할 수 있다. 전에 없었던 이질적인 요소가 나타나는 것은 한 시대의 전환기에 볼 수 있는 특징 중 하나이다.

삼각법의 역사
프톨레마이오스의 《알마게스트》

　호메로스의《일리아드》,《오뒷세이아》를 읽다 보면, 그리스인들은 모험을 좋아하는 진취적인 사람들이었다는 느낌을 받는다. 그들은 늘 미지의 세계로 통하는 길을 개척하고 넓은 바다를 건너 먼 나라로의 여행길에 나서곤 했다. 그들이 망망한 바닷길의 길잡이로 삼은 것은 하늘의 별들이었다. 바다라고는 하지만 지중해는 우리의 바다에 비하면, '아기방'이라고 일컬을 정도로 잔잔한 호수와도 같다. 또, 1년 중 맑은 날씨가 거의 대부분이다. 그렇기에 그리스인들은 밤하늘에 반짝이는 별들을 길잡이로 삼게 되었다.

　천체의 운동에 대한 관심은 당연한 결과로 천문학을 낳았으며, 천문학 지식이 필요해지자 하늘의 형태를 구면으로 보았던 그리스인들은 구면상에서의 도형을 연구했고, 그 결과 오늘날 구면삼각법이라고 부르는 수학 지식을 얻게 되었다. 이 구면삼각법의 연구에는, 우리가 배운 바 있는 평면삼각형에 관한 지식이 당연히 필요해진다.

　구면삼각법이 완성된 것은 2세기의 프톨레마이오스(Ptolemaeos, 85?~165?)에 의해서였다. 그의 연구는 《알마게스트(Almagest)》라는 이름으로 아라비아 말로 번역된 책에 담겨 있다. 알마게스트란, '가장 위대한 것(＝책)'이라는 뜻이다.

이 책은 지구는 고정되어 있고 주위의 다른 천체가 움직인다는 천동설의 입장에서 씌어졌으며, 근세에 와서 코페르니쿠스(Copernicus, 1473~1543)의 지동설이 나타날 때까지 이 주장이 사람들의 생각을 지배해 왔다.

이《알마게스트》속에 삼각비에 관한 계산법이 실려 있다.

원의 반지름을 r이라고 할 때, 내접정다각형의 각 꼭지점과 중심각을 연결해서 나온 삼각형들의 중심각과 한 변의 길이가 각각 다음과 같이 된다는 것은, 이미 피타고라스나 유클리드 등에 의해 밝혀져 있었다.

TIP | 삼각비 계산법

그림을 보고 알 수 있듯이

$$\overline{BC} = \overline{CD}$$
$$\therefore \overline{BD} = 2\overline{BC}$$

그런데 ∠ACB＝90°이기 때문에, 삼각법을 알고 있으면, 직각삼각형 ABC에서

$$sin\ A = \frac{높이}{빗변} = \frac{\overline{BC}}{\overline{AB}} = \frac{\overline{BC}}{r}$$

$$\therefore 2r\ sin\ A = \overline{BD} \cdots\cdots ❶$$

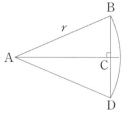

중심 A, 반지름 r인 원호

그런데 반지름의 길이 r은 정해져 있으므로, ∠A의 크기만 알면 $sin\ A$의 값을 알 수 있고, 반대로 $sin\ A$의 값을 알면 ∠A의 크기는 정해진다. 요컨대 위의 식 ❶은 ∠A를 아는 것은 $sin\ A$의 값을 아는 것과 같으며, 따라서 현 BD의 길이를 아는 일과도 일치한다는 것을 말해준다.

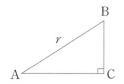

천동설을 주장한 프톨레마이오스와 그의 저서《알마게스트》의 천동설 우주모델

프톨레마이오스는 이것을 토대로 삼각함수표를 만들어냈다.

이 '알마게스트'는 본래 그리스말로 '마테마티케·신타키스' 즉, '수학대전(數學大全)'이라고 불렸다. 프톨레마이오스가 이 책을《천문학대전》이라 하지 않고, 일부러《수학대전》이라고 이름 붙인 까닭은 (현대식으로 표현하면) 구면삼각법을 표면에 내세우기 위해서였던 것 같다.

프톨레마이오스는 피타고라스, 플라톤, 아리스토텔레스 등의 영향을 받은 전통적인 그리스적 학풍(學風) 속에서 자란 사람이다. 그

내접정다각형	중심각	한 변의 길이
정육각형	60°	r
정사각형	90°	$\sqrt{2}r$
정삼각형	120°	$\sqrt{3}r$
정십각형	36°	$\frac{1}{2}(\sqrt{5}-1)r$ ($=t$로 둔다)
정오각형	72°	$\sqrt{r^2+t^2}$

런 그가 오직 사색과 사색의 결과에 대해서만 가치를 두는 그리스의 학통(學統)을 저버리고, 그들이 멸시한 실험과 관측을 오히려 중시하는 정반대의 입장을 취한 것은 무슨 까닭일까? 알고 보면 그는 그리스 본토 출신이 아니고, 아르키메데스, 에라토스테네스(Eratosthenes, B.C. 275?~B.C. 194?, 지구의 크기를 처음으로 측정한 천문학자), 히파르코스(Hipparchos, B.C. 160?~B.C. 125? 조직적인 천체 관측을 실시한 천문학자), 헤론 등을 선배로 가진 이집트 알렉산드리아 출신의 학자 — 알렉산드리아 학파 — 였다. 이들 알렉산드리아 학파 사람들은 모두 실험과 관측을 중요시하고, 또 실천했다는 공통점을 지녔다.

본래 이집트 문화는 나일강과 싸움을 치르는 과정에서 이룩된 것이다. 치수(治水)나 토목의 기술은 나일강 범람의 사후처리를 위한 측량사업에서 비롯되었으며, 기하학(geometry)이라는 명칭도 여기서 생겼고 또, 나일강 범람을 미리 알기 위해 천문학이 발달한 것은 역사의 기록에 있는 명백한 사실이다. 같은 식물의 씨앗일지라도 그것을 심는 토양에 따라 결과가 다르듯이, 뿌리가 같은 문화(＝수학)일지라도 그리스 본토에서 자랄 때와 이국에 옮겨졌을 때의 그것은 다를 수밖에 없었던 것이다.

그러나 한편, 이러한 실용적 지식이 한낱 기술에 머물지 않고, 수학적으로 체계화되었다는 점에서는 그리스적인 전통을 엿볼 수가 있다. 오리엔트에도, 인도에도 그리고 중국에도 단편적으로는 삼각법 지식이 있었으나, 끝내 그것이 학문적으로 체계화되지 않았던 것은 그리스적인 왕성한 수학정신이 없었기 때문이다.

수학에서 닮은꼴 문제는 예로부터 대단한 관심을 불러일으켰으며 그만큼 중요시되었다. 아무리 크기가 다르더라도 닮은꼴 사이에는 일정한 조건이 있다. 모든 원은 서로 닮은꼴이며, 세 각이 같은 삼각형도 크기에 관계없이 닮은꼴이다.

이에 못지않게 산수나 간단한 대수 문제에서도 비(比)의 문제가 중요한 자리를 차지하고 있다.

우리 생활에서 흔히 사용되는 지도는 기하학의 닮은꼴과 비례관계를 잘 이용하여 만들어진 것이다.

인간이 늘 대하고 있는 것들 중에 가장 큰 세계는 하늘에 있는 별의 세계일 것이다. 그렇다면 이 하늘에 있는 별의 세계는 도대체 얼마나 큰 것일까? 그 크기를 실감하기 위해 하늘의 지도를 그려보자.

태양에 가장 가깝게 위치한 항성은 프로키시마라는 별이고, 밤하늘에 가장 밝게 빛나는 항성은 시리우스라는 별이다. 태양을 중심으로 한 그들 사이의 거리는 다음과 같다.

별	지름	태양에서부터의 거리
지구	1.3만km	1.5억km
태양	140만km	-
프로키시마	6만km	4.3광년
시리우스	240만km	8.7광년

(1광년은 9조 5000억 km)

이제 이들의 크기와 거리를 축소해서 우리가 실감할 수 있도록 생각해보자.

우선 태양을 지름 7cm의 공이라 생각하고, 그것을 서울의 한가운데인 서울타워 자리에 놓았다고 하자. 이때 지구, 프로키시마, 시리우스의 위치는 서울타워에서 대략 얼마쯤 떨어져 있으며, 그 크기는 어느 정도인지 생각해볼 수 있다.

|풀이| 태양의 지름이 140만km에서 7cm로 축소되었으므로, 그 축척은 다음과 같다.

$$\frac{7}{140,000,000,000} = \frac{1}{20,000,000,000}$$

지구는 태양에서부터 1억 5천만km 떨어져 있으므로, 위와 같은 축척으로 나타내면 그 거리는

$$150,000,000,000(m) \times \frac{1}{20,000,000,000} = 7.5(m)$$

가 된다. 지구의 지름과 프로키시마의 지름, 그리고 프로키시마와 태양 사이의 거리도 같은 축척으로 나타내면 아래와 같은 결과를 얻을 수 있다. 즉,

$$1{,}300{,}000{,}000(\text{cm}) \times \frac{1}{20{,}000{,}000{,}000} = 0.065(\text{cm})$$

$$6{,}000{,}000{,}000(\text{cm}) \times \frac{1}{20{,}000{,}000{,}000} = 0.3(\text{cm})$$

$$4.3 \times 9{,}500{,}000{,}000{,}000(\text{km}) \times \frac{1}{20{,}000{,}000{,}000} \fallingdotseq 2{,}000(\text{km})$$

같은 방법으로 계산하면, 시리우스는 태양에서 약 4,000km 떨어져 있으며 지름이 12cm가 된다.

요컨대, 태양을 서울타워에 두고 보면, 지구는 그 아래의 한낱 먼지에 불과하고, 프로키시마는 홍콩의 거리에 버려져 있는 성냥개비 머리 정도의 크기가 되며, 시리우스는 멀리 마닐라에 있는 정구공 정도의 크기가 된다.

비례식을 이용한 피라미드의 높이 측정

'학문의 아버지'로 널리 알려져 있는 탈레스는 장사를 목적으로 이집트로 건너간 후 그곳에서 자신이 배운 지식을 이용하여, 피라미드의 높이를 정확히 알아맞혀 이집트 왕을 놀라게 하기도 했다. 그 방법은 삼각형의 닮음비를 이용한 것이었다.

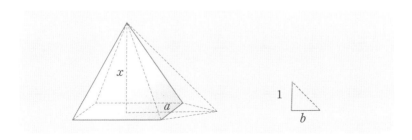

즉, 땅에 수직으로 막대를 세우고 같은 시각에 피라미드 그림자의 길이와 막대의 길이를 재고,

$$\text{피라미드의 높이} : \text{막대의 높이}$$
$$= \text{피라미드 그림자의 길이} : \text{막대 그림자의 길이}$$

라는 비례식에 의해서 피라미드의 높이를 구하는 방법이 그것이다.

그런데 과연 이런 방법으로 피라미드의 높이를 실제로 계산해 낼 수 있을까? 피라미드 꼭대기에서 내린 수선이 피라미드 속에 있기 때문에 그곳에서부터 그림자 끝점까지의 길이를 구할 수 없는데도 말이다.

그런 걱정은 하지 않아도 된다. 다음과 같이 하면 피라미드의 높이를 구할 수 있으니까 말이다.

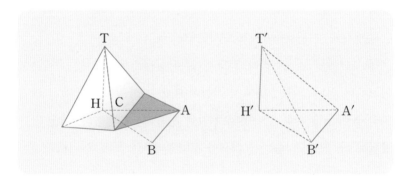

어떤 시각의 피라미드 그림자의 끝을 A, 막대의 그림자의 끝을 A′라 하자. 그리고 얼마쯤 지난 후의 피라미드 그림자의 끝을 B, 막대 그림자의 끝을 B′로 한다. 실제로 $\overline{AB}$와 $\overline{A'B'}$의 길이는 구할 수 있으므로, 아래의 공식에 의해 피라미드의 높이를 계산할 수 있다.

(피라미드의 높이) : $\overline{\mathrm{AB}}$ = (막대의 길이) : $\overline{\mathrm{A'B'}}$

그러나 그림자의 길이를 두 번씩이나 재는 것이 너무 번거롭다고 생각한다면, 피라미드의 한 밑변에 수직인 방향에 해가 떠 있을 때 한 번만 그림자의 길이를 재면 된다. 피라미드는 정확히 남북을 향하고 있으므로 이 방법은 아침 일찍 아니면 저녁 때라야 될 것이다. 이때는 피라미드 그림자의 끝을 A로 하고 A에서 피라미드의 한 변에 수선을 내리면 그 발 C는 변의 중점에 있게 된다. 이 $\overline{\mathrm{AC}}$의 길이에 피라미드의 한 변의 길이의 $\frac{1}{2}$을 더한 것이 $\overline{\mathrm{AH}}$이다.

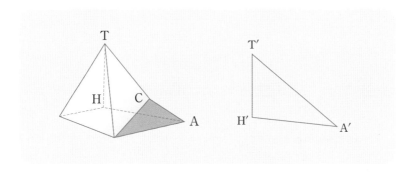

비례라는 개념이 닮은 도형의 성질에서 나온 것임은 말할 나위가 없다. 그러나, 이 사실(비례관계)을 단순히 아는 것과 이 지식을 바탕으로 막대 하나만으로 아스라한 피라미드의 높이를 피라미드에는 손도 대지 않고 잴 수 있는 것 사이에는 엄청난 차이가 있다. 피라미드의 높이를 잴 수 있다는 것은, 비단 이것에 한정되지 않고, 나무의 높이, 해안에서부터 바다 멀리 떠 있는 배까지의 거리, 심지어 태양의 높이(위치) 등 직접 손이 미치지 않는 곳까지의 거리를 셈할 수 있는 가능성을 말해 주는 것이기 때문이다. 탈레스가 위대한 것은 바로 이 점에 있다. "내게 지점(支點)을 달라. 그러면 이 지구를 움직여 보겠다!"라고 한 아르키메데스의 장담은 하나의 원리를 충분히 이해한다는 것이 무엇을 뜻하는가를 시사해 준다.

인간은 도구를 사용하는 동물이라는 의미에서 '호모 파베르(Homo faber)'라고 한다. 하긴 침팬지도 막대를 사용해서 손이 닿지 않는 곳에 있는 바나나를 꺼내먹을 수가 있다. 그러나 아무리 영리한 침팬지도 막대를 직접 사용할 뿐, 간접적으로 사용할 줄은 모른다. 탈레스는 진짜 도구를 사용한다는 것이 무엇인가를 보여준 최초의 인간이었다.

2천년 전의 해석기하학
유클리드보다 위대한 기하학자 아폴로니우스

수학의 역사상 드물게 보는 대천재 아르키메데스와 좋은 대조를 이루는 사람은 그와 거의 같은 시대에 활약했던 아폴로니우스 (Apollonius, B.C. 260?~B.C. 200?)이다. 그리스에는 아폴로니우스라는 이름을 가진 사람이 많았기 때문에 이 기하학자를 그의 출신지 이름을 머리에 붙여 '페르가의 아폴로니우스'라고 흔히 부르고 있다.

아폴로니우스의 많은 수학 업적 중에서도 그의 '원추곡선론(圓錐曲線論)'이야말로 최고의 걸작이다. '원추곡선'이란 원, 타원, 포물선, 쌍곡선 등을 통틀어 부르는 명칭으로, 이렇게 부르는 이유는 이들 도형이 원뿔을 절단하는 방법에 따라서 각각 나타나기 때문이다. 또한 2차식으로 나타내어질 수 있다는 뜻으로 '2차 곡선'이라고도 한다.

아폴로니우스가 원추곡선에 관한 유명한 논문을 쓴 것은 원추곡선이라는 것이 알려진 지 이미 150년가량이나 지난 무렵이었다. 그렇다면 왜 그의 원추곡선이 그토록 유명했을까?

그것은 저 유클리드의 《(기하학)원론》이 그 이전의 수학 교과서를 무색하게 만들 만큼 잘 짜여진 수학책이었던 것처럼, 원추곡선에 관한 이론으로는 유클리드의 책을 포함해서 다른 어떤 것보다도 아폴로니우스의 것이 뛰어났기 때문이다. 즉, 이 분야의 연구에서는 그의 《원추곡선론》이 최고의 저술이었던 것이다.

그리스에서는 직원뿔(直圓錐)을 모선에 수직인 평면으로 절단했을 때 꼭지각이 예각, 직각, 둔각인 경우 절단 부분의 형태가 각각 달라진다는 사실이 잘 알려져 있었다. 유클리드의 《원론》에는 원추를 절단했을 때 얻어지는 이들 곡선에 관한 연구가 실려 있다.

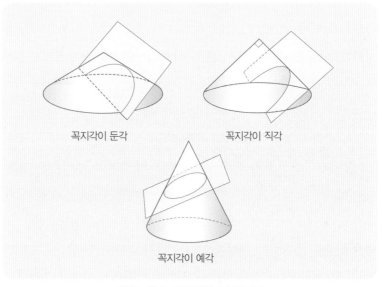

꼭지각이 둔각   꼭지각이 직각

꼭지각이 예각

아폴로니우스 이전의 원추곡선의 정의

아르키메데스는 이것을 더 발전시켜 꼭지각이 직각인 원뿔을 모선에 수직인 평면으로 절단했을 때의 단면을 직선으로 베어낸 절편의 넓이를 구하였다.

아폴로니우스는 아르키메데스가 꼭지각이 직각인 원뿔을 모선에

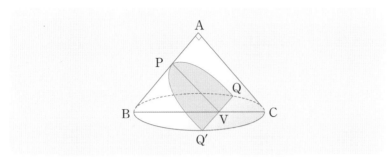

아르키메데스가 착출법으로 면적을 구한 포물선

수직인 평면으로 절단하여 얻은 곡선을 꼭지각이 일반적인 각의 경우에도 모선에 평행인 평면으로 절단해서 얻어진다는 것을 보여주었다. 그 결과 아르키메데스가 다룬 원추곡선은 아폴로니우스의 연구의 특별한 경우인 것으로 밝혀지게 되어 원추곡선론은 일반화되었다.

그리고 종래에는 '예각원추의 절단면', '직각원추의 절단면', '둔각원추의 절단면' 등으로 번거롭게 불리던 것을 '타원', '포물선', '쌍곡선'이라는 명칭으로 바꾸어 부르게 된 것도 아폴로니우스 이후부터의 일이다.

아폴로니우스는 이전의 다른 수학자들이 여러 가지 종류의 직원뿔을 그 한 모선에 수직인 평면으로 잘랐던 것과는 달리, 하나의 직원뿔을 여러 가지 평면으로 자르는 통합적인 방법을 썼다.

그리하여 평면이 직원뿔의 밑면과 이루는 각이 각각 모선이 밑면과 이루는 각에 비하여 '보다 작다', '같다', '보다 크다'에 따라서 절단 부분에 나타나는 도형을 각각 '부족하다(ellipsis)', '일치하다(parabale)', '넘어서다(hyperbole)'라고 불렀다.

이것이 오늘날의 '타원(ellipse)', '포물선(parabola)', '쌍곡선(hyperbola)'의 어원이 된 것이다.

현재 남아 있는 단편적인 논문으로 미루어 보면, 아폴로니우스의 기하학은 해석기하학적인 색채가 다분히 있다.

해석기하학의 창시자 데카르트는 실제로 아폴로니우스에 관해서 깊은 조예를 가지고 있었다. "무에서 유는 생기지 않는다"라는 말은 이런 경우에도 성립한다!

아폴로니우스의 원추곡선의 정의

'부족한' 것은 타원, '일치한' 것은 포물선, '넘어선' 것은 쌍곡선

TIP | 좌표라는 개념이 깃든 아폴로니우스의 기하학

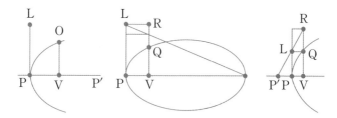

여기서, $\overline{PP'}$, $\overline{PL}$을 직교축으로 잡고, $\overline{PV}=x$, $\overline{VQ}=y$, $\overline{PL}=p$로 놓으면, 지금의 기호법으로는

타원 $y^2=px-(px^2/d)$

포물선 $y^2=px$

쌍곡선 $y^2=px+(px^2/d)$ ※ d는 상수(일정한 선분)

낙하법칙의 기하학적 표현

그리스인이 낙하법칙을 발견하지 못한 이유

갈릴레이(Galilei, 1564~1642)의 낙하법칙이 뚜렷이 표현된 것은 1638년에 나온《신과학 대화(新科學對話)》속에서였다. 이 법칙은 물체의 낙하속도는 그 무게에 의해 결정된다는 아리스토텔레스 이래 2000년에 걸친 인류의 착각에서 눈뜨게 한 획기적인 업적일 뿐만 아니라 그 연구 자체가 코페르니쿠스의 지동설에 못지 않을 만큼 중요했다.

갈릴레이의 낙하법칙을 식으로 나타내면, 다음과 같다.

$$d = \frac{1}{2}vt \quad \cdots\cdots \text{명제 ❶} \qquad \begin{pmatrix} d : 거리 & v : 속도 \\ a : 가속도 & t : 시간 \end{pmatrix}$$
$$d = \frac{1}{2}at^2 \quad \cdots\cdots \text{명제 ❷}$$

그런데 이 두 개의 명제(법칙)를 살펴보면, 왜 고대에는 이 낙하법칙을 발견할 수 없었는지를 새삼 깨닫게 된다. 고대에는 컴퍼스와 자를 써서 그릴 수 있는 것만이 문제였으며 따라서 그것이 가능한 범위에서만 법칙이 다루어져왔다. 그것은 곧 원과 직선의 세계였다.

갈릴레이 | 낙하운동 속에서 가속도의 법칙을 발견했다.

실제로 아리스토텔레스의 운동법칙은 모두 원과 직선으로 나타낼 수 있는 것들뿐이었다.

그러나 '낙하거리가 시간의 제곱에 비례한다'고 하면 그 그래프는 포물선이 된다. '케플러의 법칙'에서 타원이나 갈릴레이의 이 포물선은 오늘날 일반적으로 '2차 곡선'으로 알려져 있지만 이러한 새로운 곡선으로 나타내어지는 법칙의 발견이야말로 갈릴레이의 독창성이었다. 이뿐이 아니다. 한 걸음 더 나아가서 공간과 시간이 끊임없이 변하는, 얼핏 법칙 같은 것은 도저히 생각할 수 없게 보이는 낙하운동 속에 결코 변하지 않는 '가속도'가 있음을 밝혀낸 것이 갈릴레이의 위대한 발견이다.

케플러가 그의 '3법칙'에 의해 하늘에서의 불변의 법칙을 찾아냈다고 하면, 갈릴레이는 땅 위에서 불변의 작용인 가속도를 찾아낸 것이다.

갈릴레이는 이 책의 '3일째'의 대화 속에서 낙하법칙(명제 ❶)을 이렇게 설명하고 있다.

어떤 물체가 C점에서 정지 상태에서 출발하여, 등가속도(等加速度)로 CD의 거리만큼 간 시간을 직선 AB로 나타내기로 하자. 또, 시간 AB가 경과했을 때 속도의 마지막 최대값을, AB에 직각으로 그은 직선 EB로 나타낸다.

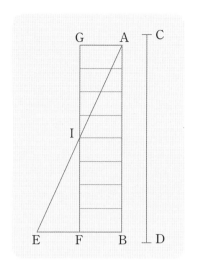

이때 직선 AE를 그으면, AB 위의 등거리에 있는 점으로부터 그어진, BE에 평행인 직선은 모두 순간 A로부터 시작하여 늘어나는 속도의 값을 나타낸다.

점 F로 직선 EB를 2등분하고 FG, GA를 각각 BA, FB에 평행하게 그으면 평행사변형 AGFB는 삼각형 ABE의 면적과 같다. 그것은 변 GF가 점 I에서 AE를 2등분하기 때문이다. 그 이유는 삼각형 AEB의 평행선이 GI까지 연장되면 사각형 내의 모든 평행선의 합은 삼각형 AEB에 포함된 모든 평행선의 합과 같기 때문이다.

갈릴레이의 말대로 직각삼각형의 '높이'에 등가속도 운동의 시간을, 그리고 '밑변'에 그 속도를, '면적'에 그 거리를 대응시킬 수 있으면, 그 면적은 사각형 ABFG로 나타낼 수 있고, 결과적으로 낙하운동의 거리는 등속운동의 거리와 같아진다.

물체의 낙하운동을 기하학적으로 나타내기 위해서는 직각삼각형이 가장 적절하지만, 그렇다고 이것을 생각하기는 쉬운 일이 아니다. 설령 생각했다 해도 삼각형의 밑변, 높이, 그리고 면적에 각각 속도, 시간, 거리를 바르게 대응시킨다는 발상은 더욱 어려운 일이다.

실제로 당시 데카르트도 낙하법칙을 기하학적으로 나타내기는 했으나 실패로 끝났다. 이 사실을 염두에 두면 갈릴레이의 발상이 얼마나 독창적인 것이었는지를 짐작할 수 있다.

데카르트의 해석기하학
'대수'와 '기하'의 호수에 운하를 만들다

함수 공부는 어렵다. 그것은 함수가 가만히 있지 않고 늘 변화하는 것을 대상으로 삼고 있기 때문이다. 그러나 함수를 이용하면, 식과 그림(그래프)이라는 두 가지 무기를 동시에 쓸 수 있다. 머리로 생각하는 식과 눈으로 볼 수 있는 그림을 함께 사용한다면 수학 공부에 큰 도움이 되리라고 누구나 짐작할 수 있다.

실제로 수학은 그래프를 사용하기 시작한 이후부터 눈에 띄게 발달하였다. 식만 쓰이던 곳에 그림을 곁들인다는 것은, 반대로 그림만 쓰이던 경우에도 식을 아울러 사용할 수 있게 되었음을 뜻한다. 이것은 식을 유일한 무기로 쓰던 대수학이 그림이라는 기하학의 무기를 빌려 쓰게 되었을 뿐만 아니라, 동시에 그림 중심의 기하학에서 대수학의 무기인 식이 중요한 구실을 하게 되었다는 것을 의미한다. 즉, 대수학과 기하학의 경계선이 무너지고 그 둘이 한데 어울려서 넓은 영역이 되었다는 것이다.

그래프를 통해서 기하학과 대수학의 결합을 성공시킨 사람은 데카르트였다. 그는 기하와 대수라는 두 호수 사이에 운하를 팠다고

자부했다.

프랑스가 낳은 대 철학자이자 수학자인 데카르트는 어린 시절부터 대단한 잠꾸러기여서 잠이 깬 뒤에도 한참 동안을 침대 위에 뒹굴면서 이런저런 생각에 골몰하는 버릇이 있었다. 그가 군에 입대하여 라인 강변의 병영에서 장교 생활을 하고 있을 때의 일이었다. 팔베개를 하고 아침 햇살이 가득한 막사의 천장을 한가롭게 쳐다보고 있던 그의 눈에 파리 한 마리가 이리저리 움직이고 있는 것이 보였다.

할 일 없는 한가로운 시간도 메울 겸, 그는 움직이고 있는 파리가 여기에서 저리로 자리를 옮겼다는 사실을 잘 설명하기 위해선 어떻게 하면 좋은가, 아니 '여기'와 '저기'를 어떻게 정하면 되는가를 수

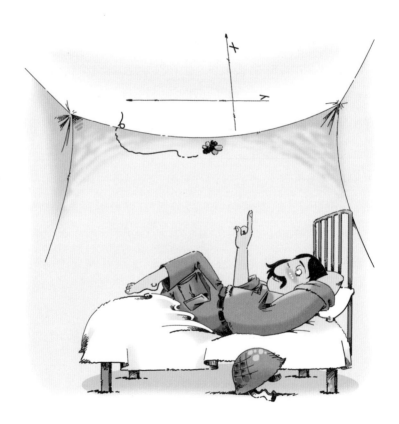

학자답게 곰곰이 따져보았다. 파리의 위치를 점으로 보고, 이 점이 어디에 있는가를 말해주려면 어떤 기준이 있어야 한다. 그는 벽과 천장이 마주치는 두 개의 모서리를 기준이 되는 직선으로 정해서

$$점\,(x, y) \rightarrow 점\,(x', y')$$

와 같이 파리가 이동한 상태를 나타냈다. 그리하여 움직이는 점과 (x, y)로 이루어지는 식을 결부시킨 것이다.

학교에서 수학을 배울 때는 수와 도형의 세계가 별개의 것인 양 다루는 것이 보통이다. 그러나 수학의 역사에서 수와 도형은 언제나 대립해온 것이 아니라, 때로는 하나로 통합되기도 하였다. 일찍이 수학이 학문이라기보다 일종의 장인적(匠人的)인 기술에 지나지 않았던 시대에는 유치하기는 했으나 수와 도형을 하나로 묶어서 다루었다. 이를테면 도형의 넓이나 부피를 셈하는 일이 그것이다.

수(산술)와 도형(기하학)의 통합을 처음으로 시도한, 역사상 최초의 인물은 고대 그리스의 철학자이자 수학자인 피타고라스와 그의 제자들이었다. 피타고라스 학파가 자연수 속에 기하학 도형의 이론을 세우려고 했던 것은 너무도 유명하다.

그러나 정사각형의 한 변과 대각선의 길이의 비가 정수(또는 정수의 비)로 나타내어질 수 없다는 것을 알았을 때의 충격은 너무도 컸다. 그 후로 자연수의 바탕 위에 보통의 기하학을 세울 수가 없다는 것을 깨닫자, 그리스의 수학자들은 역으로 기하학(도형)을 통해서 임의의 크기의 수를 나타내게 되었다.

그 후, 아라비아 문명 시대를 거쳐 근세에 이르는 단계에서 기호

를 사용하는 대수학(기호대수학)이 차츰 계발되어 갔다.

기하학의 증명방법이 이미 알려져 있는 명제를 결합해서 새로운 명제를 유도하는 종합적인 방법에 의존하는 것과는 달리 대수의 증명법은 소위 분석적 또는 해석적이라는 입장에 서 있다. 다시 말해 대수학에서는 방정식을 풀 때 미지수를 기지수(既知數)와 똑같이 취급한다는 예로도 알 수 있듯이, 미리 종합이 완성된 것으로 가정하고, 이 종합을 나타내는 방정식을 한번 얻으면 그 후의 순서는 주로 기계적인 조작(분석!)만으로 해를 얻을 수 있다.

데카르트는 실제로, 계산 기호만을 결합한 형식적인 대수학을 만들어서 그 응용을 기하학에 적용시켰다. 이를 위하여 다음과 같이 규정하였다.

"수를 직선의 길이로 나타낸다. 그러면 직선으로 나타낸 양 사이에 어떤 계산이 다루어져도, 그 결과는 항상 직선의 길이로 나타낼 수 있다."

알고 보면 이러한 생각은 실로 혁명적인 것이었다. 왜냐하면 그때까지 '직선×직선=넓이'라는 기하학적 사고를 '직선×직선=직선'으로 일률적으로 규정해 버렸기 때문이다.

해석기하학의 출발점은 변량을 수치화하는 것, 즉 변수를 정하는 문제이다. 지금은 변수라고 하면 중학생도 알고 있는 상식이 되었지만, 당시로서는 아주 대담한 생각이었다.

예를 들어 다음의 식을 보자.

$$y=2x$$

이 식은 x가 변하면 y도 변한다는 것을 뜻하며, 이때 x를 독립변

수(스스로 변하는 수), y를 종속변수(다른 값이 변함에 따라 정해지는 수)
라고 부른다.

이렇게 해서 직선, 원, 타원, 포물선, 쌍곡선 등의 기하학적인 도형
을 아래와 같이 간단히 대수식으로 나타낼 수 있게 되었다.

- 직 선 : $ax+by+c=0$
- 원 : $x^2+y^2+2gx+2fy+c=0$
- 타 원 : $ax^2+by^2+2gx+2fy+c=0$, $ab>0$
- 쌍곡선 : $ax^2+by^2+2gx+2fy+c=0$, $ab<0$
- 포물선 : $ax^2+by^2+2gx+2fy+c=0$, $ab=0$

이렇게 해보면 그리스 기하학에서 아폴로니우스가 연구했던 원뿔
곡선론의 모든 내용이 1차, 2차방정식 속에 포함되고 만다.

데카르트는 수학에 대해서는 통일적인 입장에서 관찰하고 통일적
인 방법으로 연구해야 한다는 수학관을 지니고 있었다. 그는 수학의
명칭 자체가 이러한 보편성을 반영해야 한다고 믿고 '보편수학
(mathesis universalis)'이라는 이름도 지어냈다.

기하학과 대수학을 하나로 묶고 종합과 분석의 방법을 구사한 데
카르트의 해석기하학은 정말 획기적인 것이라 하겠다. 과학사의 입
장에서 말한다면 모든 과학을 수학으로 환원시켜서 생각한다는 근
대 과학 정신의 터전을 닦았던 것은 갈릴레이나 코페르니쿠스가 아
니라 데카르트였다.

이러한 뜻에서 그의 해석기하학은 단지 수학상의 방법의 변화라
고 하기보다 인간 사고의 질적인 전환이 수학에 나타난 것이라고 보
아야 옳을 것이다.

미술과 기하학
기하학을 활용한 투시법 이야기

우리의 눈은 다음 그림 ❶처럼 바깥 세계의 온갖 모습을 상하, 좌우의 위치가 반대가 되도록 망막 위에 비친다.

이처럼 거꾸로 비친 모습들은 두뇌의 작용에 의해서 바른 모습으로 다시 고쳐지지만, 크기가 같은 것들은 거리에 비례해서 작게 보인다. 이것은 상하의 길이뿐만 아니라 가로의 폭에 대해서도 마찬가지이다. 이 때문에 그림 ❷처럼 길을 따라 줄지어 선 같은 높이, 같은

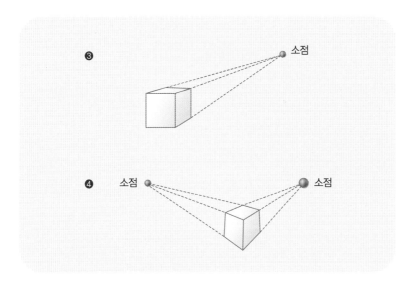

굵기의 전주는 차츰 작고 가늘어지는 것처럼 보인다.

이것을 더 자세히 살펴보자. 직육면체를 앞쪽에서 바라보면 그림 ❸과 같이 되고, 이것을 조금 위쪽에서 보면 그림 ❹와 같이 된다.

이와 같이 우리의 시선에 따라 사물을 그리는 것을 '투시법(透視法)' 이라고 부른다.

중세의 미술은 모두 종교적인 것이었으나 르네상스로 들어서면서 인간중심사상(휴머니즘)의 입장에서, 있는 그대로의 자연과 인간의 미를 나타내려고 시도하게 되었다.

레오나르도 다빈치(Leonarodo da Vinci, 1452~1519), 라파엘로 (Raffaello Sanzio, 1483~1520), 미켈란젤로(Michelangelo Buonarroti, 1475~1564), 뒤러(Albrecht Dürer, 1471~1528) 등이 남긴 명작은 모두 이런 풍조를 반영해서 자연과 인간을 생생하게 화폭에 옮긴 것이다.

"새로운 관찰은 새로운 방법을 낳는다"라는 이치에 따라서 화법에도 변화가 일어났다. 인간이 어떤 대상을 본다고 할 때, 눈과 그 대상을 맺는 직선, 즉 시선이 장애물을 만나서는 안 된다. 이것은 그림을 그릴 때도 예외가 아니다.

그러나 중세의 회화는 종교적인 의미를 무엇보다 중시했기 때문에 이 법칙을 무시하고 실제로는 시선이 도달하지 않는 것까지도 묘사하였다.

시선이 움직이는 대로 대상의 형태를 그리기 위해서는 종전과는 다른 기법을 모색해야 한다. 앞에서 이름을 말한 화가들은 이 투시법을 열심히 연구한 대가들이었다. 그 결과 기하학에도 큰 변화가 일어나 사영기하학(射影幾何學)이라는 새 스타일의 수학이 등장하는 터전을 닦아놓았다.

눈의 위치를 고정할 때, 그림은 눈과 그 대상의 중간에 위치하게

레오나르도 다빈치의 《시스틴 성당》 | 앞에 보이는 사람과 배경의 건물을 통해 원근법을 나타내고 있다.

되고 눈, 그림, 대상의 삼자 사이에는 기하학적인 관계가 성립한다. 이러한 관계를 연구하는 새 기하학의 탄생은 투시법에 자극받은 것이었다.

뒤러가 자신이 고안한 장치를 이용해 투시도를 그리는 모습

투시법은 단순히 회화의 기법에 그치지 않고, 수학(기하학)에서도 아주 중요한 구실을 하게 된 것이다.

이 투시법은, 수학이란 인간이 어떤 삶을 사는가, 어떤 생각을 하는가에 따라서 그 모습을 달리한다는 본보기, 그러니까 수학이 인간 문화의 한 요소임을 말해주는 좋은 증거가 되어주기도 한다.

카발리에리의 원리

각뿔의 부피는 왜 각기둥의 $\frac{1}{3}$인가?

밑변의 길이가 a, 높이가 h인 평행사변형의 넓이는, 밑변과 높이가 각각 a, h인 직사각형의 넓이와 같다. 즉,

$$S=ah \text{ (S는 평행사변형의 넓이)}$$

그리고 그 이유쯤은 초등학생도 잘 알고 있다.

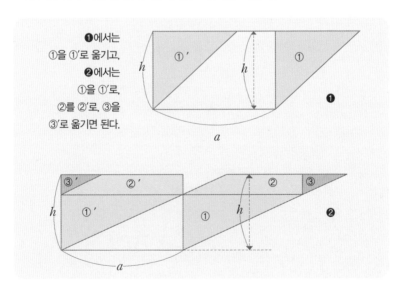

❶에서는
①을 ①′로 옮기고,
❷에서는
①을 ①′로,
②를 ②′로, ③을
③′로 옮기면 된다.

그러나 다음과 같은 방법으로도 그 이유를 설명할 수 있다.

먼저, 직사각형을 생각하여 이것을 밑변에 평행인 아주 많은 평행선으로 세분했다고 보자. 그리고 다음 그림과 같이 적당히 움직이면, 이 직사각형의 밑변, 높이와 똑같은 밑변과 높이를 가진 평행사변형이 생긴다. 이 두 사각형의 넓이가 같다는 것은 너무도 명백하다. 따라서 앞의 공식이 성립한다.

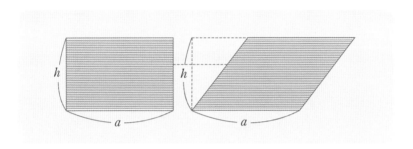

이 방법은 "두 도형이 있을 때, 일정한 방향으로 그은 직선이 이두 도형에 의해서 끊기는 부분의 길이가 같으면, 두 도형의 넓이는 같다."라는 '카발리에리(B. Cavalieri, 1598~1647)의 원리'를 응용한 것이다.

중학교에서는 각뿔, 원뿔 등 입체도형의 부피까지도 다룬다. 그런데 교과서의 설명 중에 뭔가 석연치 않은 대목이 있다. 문제가 되는것은 각뿔, 원뿔의 부피 V를 구하는 공식이다.

$$V = \frac{1}{3} Sh \ (S는 \ 밑넓이, \ h는 \ 높이)$$

이 공식에 의하면 각뿔, 원뿔의 부피는 밑면의 넓이와 높이가 같은 각기둥, 원기둥 부피의 $\frac{1}{3}$이 된다.

위의 그림과 같이, 밑넓이와 높이가 같은 각뿔(원뿔)에 가득 담은 물이나 모래를 각기둥(원기둥)에 부어보는 실험에 의해서 이 공식이 옳음을 확인하는 방법이 그것인데, 지금 생각하면 설명이 이론적이지 않아 유치하게 보이기조차 한다. 좀 더 그럴듯한 설명이 없을까?

이러한 불만을 갖는 사람에게는 다음과 같이 설명하는 방법이 있다.

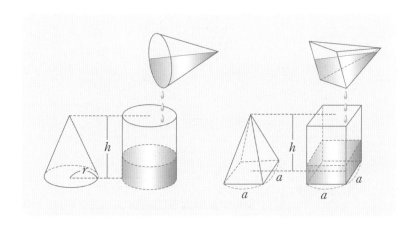

한 변의 길이가 a인 정육면체를 놓고, 그 중심 O와 각 꼭지점을 이으면, 다음 그림처럼 서로 합동인 6개의 사각뿔이 생긴다. 정육면체의 부피는 a^3이기 때문에 각 사각뿔의 부피 V는

$$V = \frac{1}{6}a^3$$

이것을 고쳐쓰면

$$V = \frac{1}{3}a^2\left(\frac{1}{2}a\right)$$

와 같이 된다. 그런데 a^2은 이 사각뿔의 밑넓이 S를, 그리고 $\frac{1}{2}a$는 높이 h를 나타내기 때문에, 결국 다음과 같은 공식이 성립한다.

$$V = \frac{1}{3}Sh$$

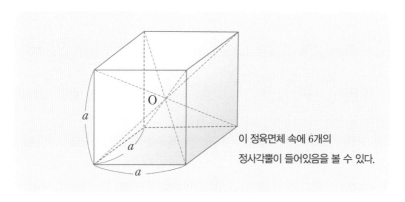

이 정육면체 속에 6개의
정사각뿔이 들어있음을 볼 수 있다.

이 설명에 대해서도 아직 만족을 느끼지 못하는 사람이 있을 것이다. 왜냐하면 이 공식은 아주 특수한 각뿔, 즉 정육면체의 중심과 각 꼭지점을 이어서 만든 것의 부피를 나타낸 것이므로, 임의의 각뿔의 부피도 이와 같이 나타낼 수 있다는 보장이 없기 때문이다.

이러한 불만을 갖는 사람을 납득시키기 위해서는, 앞에서 이야기한 '카발리에리의 원리'를 도형의 부피에도 적용해서 설명하면 된다. 이때의 원리는 "밑면과 높이가 같은 두 개의 각뿔은 같은 부피를 갖는다."가 된다.

카발리에리의 구적법(求積法, 넓이나 부피의 계산법)의 기본 원리는 다음과 같다. 넓이는 '평행 선분의 전체'이고 부피는 '평행인 평면 부분의 전체'로 간주한다는 입장에서, 모양이 복잡한 도형을 단순한 도형과 비교하여 그 넓이나 부피를 구하는 것이다.

예를 들어, 다음 그림과 같이 두 개의 곡선으로 둘러싸인 의사삼

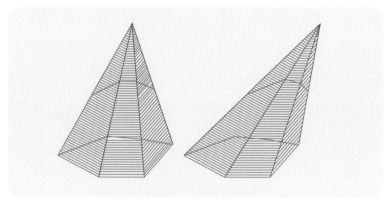

밑면과 높이가 같은 두 각뿔

각형(擬似三角形) PQR이 있을 때, 이것과 밑변의 길이, 높이가 각각 같은 삼각형 ABC를 평행선 사이에 있게 하여, 그 중간의 어디에 평행선을 그어도 두 도형과 만나는 부분이 일치하면 이 둘은 넓이가 같다고 하고, 또 만일 그 부분이 항상 $a : b$이면, 넓이의 비도 $a : b$가 된다고 결론짓는다.

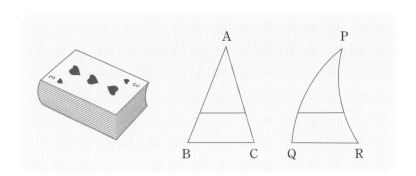

부피에 관해서도 마찬가지이다. 트럼프 뭉치를 좌우로 어떻게 미끄러지게 해도 그 부피는 변하지 않는다.

카발리에리의 괴로운 독백

본래 선분이나 평면은 폭이나 두께가 0이기 때문에, 그것을 아무리 더해도 '전체'가 넓이나 부피가 될 수 없고, 그렇다고 해서 이것들을 0으로 보지 않으면 정확한 값을 얻을 수 없게 된다. 그래서 그는 생각다 못해, 선분을 넓이의 '불가분자(不可分子 : 더 이상 분해할 수 없

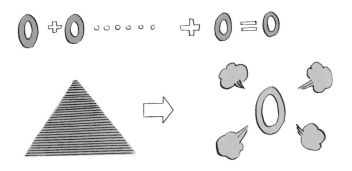

두께가 0인 원판은 아무리 쌓아도 높이를 갖지 못한다.

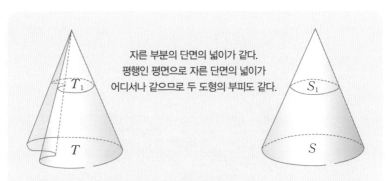

자른 부분의 단면의 넓이가 같다.
평행인 평면으로 자른 단면의 넓이가
어디서나 같으므로 두 도형의 부피도 같다.

S를 원, T를 S와 같은 넓이의 도형이라 하자. 이때 뿔의 높이가 같으면, 같은 높이의 S_1과 T_1에 대해서 S와 S_1의 닮음비와 T와 T_1의 닮음비가 같기 때문에, S_1과 T_1의 넓이가 같다. 따라서 이 두 뿔의 부피는 같다.

카발리에리의 원리

는 요소)', 평면을 부피의 '불가분자'라고 이름짓고 그 전체를 적접 재는 일을 피하고 이미 넓이나 부피를 알고 있는 도형과 비교하는 방법을 택했다.

　카발리에리는 팔다리에 염증이 생긴 결과 일어나는 통풍(痛風)의 격심한 고통을 잊기 위해 천문학, 물리학, 수학 등의 연구에 몰두한 결과 이 원리를 발견했다고 한다. 그야말로 피가 마르는 아픔을 견디면서 펜을 움직였던 이 이탈리아 수학자의 처절한 모습은 곁에서 지켜보는 사람의 마음까지도 아프게 했을 것임에 틀림이 없다. 아니 어쩌면, 육체의 고통을 이겨낸 그 숭고한 모습에 깊은 감동을 받았을지도 모른다. 이 인내심은 그가 성직자(가톨릭의 예수회 소속 신부)였기 때문에 생긴 것일지도 모른다.

 뉴턴에 대해서는 여기서 새삼스럽게 소개할 것도 없지만, 그가 남긴 《자연철학(自然哲學)의 수학적 원리》(1687) – 일명 《프린키피아》 – 라는 저술은, 근대 이후 현대에 이르는 물리학의 기틀이 된 불멸의 책이다. 그가 살았던 때는 이른바 청교도혁명, 왕정복고(王政復古), 명예혁명으로 이어지는 정치적 혼란의 시대였으므로, 영국인들에게 그의 이름은 이 어두웠던 시대의 또 다른 밝은 일면을 나타내며 영국의 영광을 상징하는 것이기도 하다.

 이 책에는 적분법(積分法)을 이용한 면적 계산의 정리가 실려 있다.

 복잡한 이론은 생략하고, 대강의 내용을 그림으로 설명하면 이 학문에 별로 소양이 없는 사람도 충분히 그 계산법을 이해할 수 있을 것이다.

 다음 그림 ❶은 수직으로 만나는 두 직선과 곡선으로 둘러싸인 도형이다. 그림 ❷는 이 도형의 밑변을 4등분하여, 그 위에 직사각형을 그리고 계단 모양의 도형을 만든 것이다. 그림 ❸도 같은 방법으로 계단 모양의 도형을 만든 것이지만 그림 ❷와는 대조적으로 각 직사

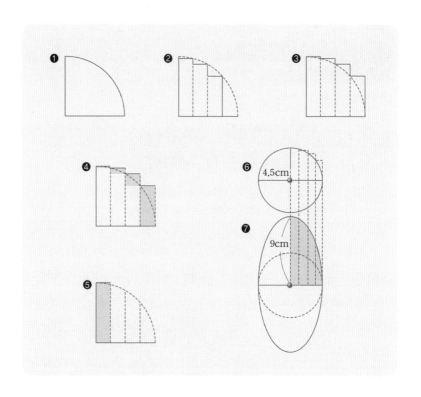

각형의 좌측 꼭지점이 곡선 위에 있으며, 계단형 도형의 일부는 곡선 밖으로 나와 있다.

뉴턴의 정리를 위의 그림을 이용하여 증명하면 다음과 같다.

|증명| ❷, ❸에서 밑변을 아주 세분하여, 각 직사각형의 밑변의 길이를 한없이 작게 하면 ❷, ❸의 도형의 면적은 ❶의 면적에 점점 가까워지고, 마지막에는 ❶, ❷, ❸이 서로 일치한다.

그 이유(＝증명)는,

❶의 면적은 ❷, ❸의 중간에 있다. 그런데 ❷, ❸의 면적의 차는 ❹의

색칠한 부분이다. 이것들을 왼쪽으로 한데 모아 보면, ❺의 색칠한 직사각형이 된다. 그런데 이 직사각형의 면적은, 밑변의 길이를 한없이 작게 하면, 마지막에는 0이 된다. 높이만 있고, 폭이 없는 직사각형이 되기 때문이다. 이때 ❷, ❸의 면적은 일치한다. 따라서 이것들의 중간에 있는 ❶의 면적도 마땅히 ❷, ❸과 일치해야 한다.

이 내용을 충분히 이해할 수 있으면 여러분은 적분학(積分學)이라는 수학의 중요한 내용을 터득한 셈이 된다. 그러면 다음의 문제를 풀어보자.

Q 뉴턴의 정리를 바탕으로, 반지름이 4.5cm인 ❻의 원을, 가로폭은 그대로 둔 채, 세로를 2배로 늘였을 때의 타원의 면적을 구해보자.

❼의 색칠한 직사각형은 모두 이것에 대응하는 ❻의 직사각형의 2배이므로, 뉴턴의 정리로 해를 구할 수 있다.

답 | $3.14 \times \dfrac{81}{4} \times 2$

물론, 이러한 생각은 뉴턴 한 사람의 머리에서 갑자기 태어난 것은 아니다. 그보다 먼저, 여러 시대에 걸쳐 많은 사람들이 생각했던 것을 뉴턴이 누구나 알기 쉬운 형태로 정리한 것이라고 해야 옳을 것이다. 다시 말하면 깜깜한 굴 속에서 여러 사람에 의해 다듬어진 미완성의 조각에 최후의 끌질을 하고 바깥빛을 비치게 하여 모든 사람들 앞에 위대한 작품으로 내놓은 사람이 뉴턴이었다고나 할까.

뉴턴의 선구자로 손꼽힐 만한 업적을 세운 사람이 앞에서 이야기한 카발리에리이다. 그가 발견했던 면적 계산의 원리('카발리에리의 원리')는 뉴턴의 방법에 비하면 유치한 데가 있었으나, 어떤 도형을 면적을 구하기 쉬운 도형으로 바꾸고 계산하는 데는 편리하다. 게다가 그의 방법에는 다음 그림을 보면 알 수 있는 바와 같이 '극한(極限)'이라는 개념이 이미 담겨져 있었다.

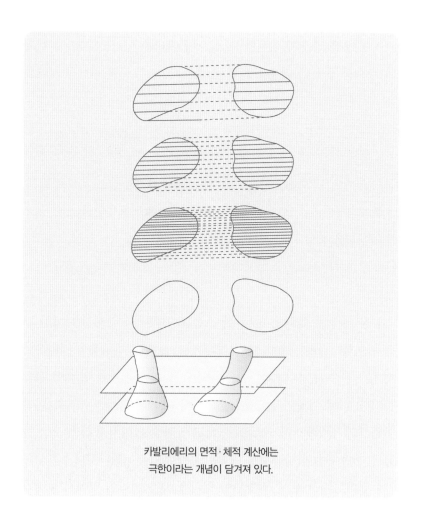

카발리에리의 면적·체적 계산에는
극한이라는 개념이 담겨져 있다.

미적분학의 원리를 발견하고 사용이 편리한 기호를 만들어 미적분의 창시자라는 영광을 나누
어 가진 뉴턴과 라이프니츠

　뉴턴의 방법도 이론적으로 잘 다듬어진 지금의 미적분학에 비하
면 불완전한 점이 적지 않다. 그러나 그는 정밀한 수치 계산에 의해
서 숨은 법칙을 찾아내고, 오차를 적절히 처리하여 잘못된 결론에
빠지는 것을 피함으로써 이러한 결점을 보완할 수 있었다. 오히려
불완전한 이론을 함부로 써서 잘못을 저지른 일은 그 후의 수학자들
에게 많았다. 19세기에 엄격한 이론수학이 탄생한 것은 이들에 대한
비판이 계기가 된 것이다. 이 점에 관해서 뉴턴은 아주 신중하였다.

　뉴턴과 더불어 미적분학의 발견자로서의 영광을 나누어 가진 라
이프니츠는 뉴턴보다 조금 뒤에 이 학문에 착안했지만, 여기에 사용
되는 편리한 기호를 만들었다는 점에서 뉴턴보다도 높이 평가받고
있다.

　철학자이기도 했던 라이프니츠는 철학에서의 기호적 상징의 중요
성을 깊이 생각했던 사람으로, 기호적 계산으로 인간의 사고 세계를

나타낼 수 있다는 착상을 젊었을 때부터 가지고 있었다. 미적분학도 그러한 발상을 바탕에 깔고 있다. 오늘날 미적분학에서 쓰이고 있는 기호 중에는

$$\frac{dy}{dx}, \quad \int dx$$

등, 라이프니츠가 고안한 것들이 많다.

또, 라이프니츠가 이름을 지은 '무한소'와 '해석'이라는 명칭이 '무한소해석(無限小解析)'이 되고, 그 후 몇 번의 단계를 거쳐서 '미적분학(微積分學)'이라는 명칭으로 정착하게 되는데, 알고 보면 이것 역시 라이프니츠의 공이라고 할 수 있다.

뉴턴과 라이프니츠가 독자적으로 미적분학의 착상을 얻은 것은 사실이지만, 두 사람 모두 혼자만의 힘으로 미적분학을 세운 것은 결코 아니다. 뉴턴은 스승 월리스의 영향을 크게 받았으며, 라이프니츠 역시 네덜란드의 수리물리학자이자 미적분학의 선구자 중의 한 사람인 호이겐스로부터 직접 가르침을 받았다는 사실을 기억해 둘 필요가 있다.

그러나 미적분학의 창시자인 뉴턴과 라이프니츠의 근본적인 차이점은, 뉴턴이 물리학 연구와 관련 있는 운동이라는 개념을 배경으로 삼고 있는 데 대해 라이프니츠는 원자론적(原子論的)이라고나 할 철학적인 입장을 취하고 있었다는 점이다.

수학의 발전에 비약이란 없다
데카르트와 갈릴레이의 선배 니콜 오렘

무릇 사물은 시시각각으로 변한다. 우리는 그 변화하는 상태를 함수의 그래프를 이용해서 나타낸다. 그런데 왜 데카르트의 해석기하학이 나오기 이전에는, 사람들이 이것을 그림이나 도식으로 나타낼 줄 몰랐을까? 그것은 변화하는 것 속에 변화하지 않는 법칙이 있다고 생각하지 않았던 것, 바꿔 말하면, 진리(=법칙)는 오직 불변부동(不變不動, 변하지 않고 움직이지 않는)의 것 속에만 있다고 믿어왔기 때문이다. 그러니 그런 일에 관심이 없을 수밖에.

그러나 시간이 흐름에 따라 운동이나 변화의 문제가 새삼 철학자들(물리학자들)의 관심을 불러일으키고 연구심을 자극하였다. 니콜 오렘(Nicole Oresme, 1325~1382)도 이러한 분위기 속에서 운동과 변화의 문제에 몰두한 철학자 중 한 사람이었다. 그의 신분은 대학교수이자 성직자(主教)였다.

오렘은, "잴 수 있는 것은 모두 연속량(連續量, 길이나 시간처럼 아무리 분할해도 당초의 성질(길이, 시간)이 그대로 지켜지는 양)이다"라고 생각했다. 이러한 생각을 바탕으로, 그는 한결같이 가속되는 운동체를 나타내기 위해 속도와 시간에 따른 그래프를 그려보았다.

즉 그는 다음 그림과 같이, 수평한 직선 위에 각 시각(시간의 각 순간)을 나타내는 새김(경도(經度))을 그렸다.

이 그림은 앞에서 이야기한《신과학 대화》속 갈릴레이의 그림을 옆으로 눕힌 것임을 알 수 있다. 더 정확히 말한다면, 갈릴레이의 그림이 이 그래프를 세워서 만든 것이다.

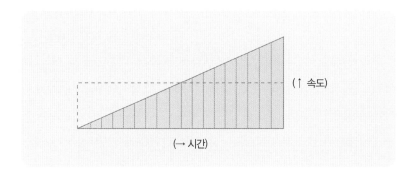

그리하여 오렘은 다음 사실을 발견하였다. 즉, 수직선의 길이로 속도를 나타내기로 하면, 이들 선분의 끝점의 자취가 직선을 이룬다. 그리고 한결같이 가속되는 운동이 정지 상태에서 시작한다면, 속도를 나타내는 선(세로좌표)의 전체는 직각삼각형이 된다는 것이다. 이때, 그 면적(색칠한 부분)이 물체가 통과한 거리를 나타낸다. 그러니까 소요된 시간의 중간점에서의 속도는 마지막 속도의 반이 되어 있다.

게다가 이 그래프는 갈릴레이의 운동의 법칙을 명백히 보여주고 있다. 그것은 이 도형에서 알 수 있는 바와 같이, 소요시간의 앞쪽 반에 대응하는 면적과 나머지 반에 대응하는 면적의 비가 1 : 3이라는 사실에서 분명하다.

만일 소요시간을 3등분하면, 면적에 의해서 나타내지는 통과거리의 비는 1 : 3 : 5가 되고, 4등분하면 거리의 비는 1 : 3 : 5 : 7이 된다. 일반적으로 이들 거리의 비는 서로 홀수끼리의 비이다. 그런데 1부터 시작한 연속된 n개의 홀수의 합은 n의 제곱이기 때문에, 통과한 거리 전체는 시간의 제곱에 비례한다. 이것은 바로 갈릴레이의 낙하의 법칙(93쪽 명제❷)을 말하고 있다.

오렘이 그래프를 사용하는 수법은 지금의 해석기하학에 가깝다. 그는 '위도', '경도'라는 말을 사용했는데 이것을 현대식으로 고쳐 표현하면 '세로좌표', '가로좌표'가 된다. 물론, 좌표의 이용을 오렘이 처음 했다는 것은 아니고, 그보다 훨씬 이전에 아폴로니오스 등이 쓰고 있었던 것이지만, 그러나 변량(變量)을 그래프로 나타내는 오렘의 방법만은 그의 독창적인 것이었다.

이 뛰어난 독창성에도 불구하고, 물체의 낙하를 설명할 때 여전히 속도가 물체의 무게에 비례한다는 생각을 버리지 못했다는 점에서 그는 갈릴레이에게 뒤져 있다. 거듭 말하지만, 과학의 발전은 하루아침에 갑자기 일어나는 것이 아니고 한 걸음 한 걸음 서서히 이루어진다. 겉보기에 혁명적인 발상일지라도 그 밑뿌리에는 반드시 오래전부터 쌓인 생각들이 밑거름이 되어 있다는 사실을 잊어서는 안 된다. 물 위를 유유히 지나는 물오리의 몸뚱이 아래에서 그의 두 발이 쉴 사이 없이 물을 헤쳐가는 작업을 벌이고 있는 것처럼 말이다.

그리스의 태양신 아폴론은 제우스신의 머리에서 갑자기 태어났다고 한다. 그러나 세상일은 이 신화처럼 갑자기 이루어지는 것이 아니고, 태아가 어머니 뱃속에서 서서히 자라서 날이 가고 달이 찬 다음에야 비로소 세상 빛을 보게 되듯이 이루어진다. 갈릴레이의 위대한 낙하법칙도 알고 보면 그 싹은 이미 중세의 수도원에서 조심스럽게 가꾸어져 있었다.

중세라면, 맹목적인 그리스도교 신앙과 로마 교황의 절대적인 권위가 세상을 지배하는 '암흑 시대'를 머리에 떠올리는 사람이 적지 않을 것이다. 그러나 이 시대에 그러한 어두운 면만 존재했던 것은 아니다.

갈릴레이에서 시작되는 유럽의 눈부신 과학 활동을 흔히 '과학 혁명'이라는 말로 부른다. 그러나 알고 보면, 14세기의 스콜라 철학자들, 즉 그리스도교 철학자들이 행한 물체의 운동에 관한 연구가 이 지적 혁명의 불씨로 작용하였다.

그것은 첫째, 속도의 발견, 둘째, 이것을 기하학적 도형으로 나타냄으로써 갈릴레이의 연구에 길을 터준 것, 셋째, 이것이 일종의 그래프였다는 점에서 데카르트의 해석기하학을 준비했다는 것, 넷째, 이것과 관련한 '무한의 수학'을 통해서 미적분학의 탄생에 깊은 영향을 주었다는 것 등의 업적을 이루었기 때문이다.

2
생활 속의 기하학

단지 생략하거나 추상화하는 것만이 수학은 아니다.
그로 말미암아 응용의 범위를 넓히는 것, 이것이 수학
의 본질이다.

책상다리와 수학
생활 속에 숨겨진 중간값 정리의 원리

식당의 둥근 테이블이 덜거덕거려서 불편을 주는 경우를 우리는 일상생활에서 흔히 겪는다. 이러한 상태는 테이블 다리의 길이는 네 개 모두 똑같지만 바닥이 고르지 않아, 다리 하나가 떠 있는 상태가 되어 흔들리기 때문이다.

이럴 때, 어떻게 하면 덜거덕거리지 않도록 할 수 있을까? 떠 있는 책상다리 밑에 종이를 접어서 끼워넣는 것도 한 방법이기는 하지만, 더 멋있는 방법이 있다. 그것은 테이블을 회전시켜보는 것이다.

테이블을 잡고, 오른쪽 방향이건 왼쪽 방향이건 마루 위를 미끄러지게 하면서 돌리면 4분의 1, 그러니까 90° 회전하는 사이에 반드시 네 다리가 모두 마루에 닿는 부분이 있어 테이블이 안정된 상태가 된다. 이것은 누가 해보아도 어김없이 성공한다.

그런데 이 방법을 쓰면 왜 테이블이 덜거덕거리지 않게 되는 것일까? 그 이유를 캐보면 수학적으로 아주 중요한 의미를 발견할 수 있다.

지금 네 개의 다리에 각각 A, B, C, D의 표시를 붙이는데, 다리 D만이 마루에 닿지 않고 떠 있는 상태에 있다고 하자. 세 개의 '점'을 포함하는 '평면'은 꼭 하나 있다. 따라서 책상이나 의자의 다리가 세 개뿐이면 반드시 하나의 평면 위에 서 있게 되고, 덜거덕거리는 일은 생기지 않는다!

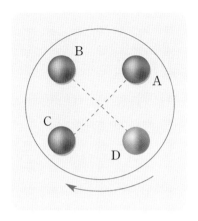

이때, D의 대각선 위에 있는 B가 뜨지 않도록 한 손으로 A와 B의 중간쯤인 테이블 위를 누르고, 다른 한 손으로 C와 D 사이의 테이블 위를 누른다.

자, 이제 테이블을 4분의 1회전시켰을 때, 즉 D가 C의 위치까지 움직이는 상태에 관해 생각해보자. 다리 D의 끝은 마루에서 떠 있는 상태에서 출발하여, 다리 C가 있었던 위치까지 이동하는 사이에 서서히 마루에 접근하고, 4분의 1회전하는 사이에 반드시 마루에 닿는 부분이 있게 된다.

이 사실을 보장해 주는 것이 미분학에 관한 다음의 중요한 정리이다.

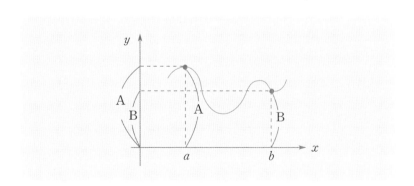

"연속적인 곡선(끊기는 데가 없는 곡선)과 x축 사이의 거리는, a에서 b로 옮겨가는 동안에 A와 B 사이의 모든 값을 적어도 한 번은 겪는다."(중간값의 정리)

미분학이라는 고급수학(?)의, 그중에서도 아주 중요한 정리가 이런 하찮은 일 속에도 숨어 있다니, 하고 새삼 놀라는 사람이 있을지 모른다. 그러나, 교과서에 실려 있는 수학문제는 이미 다른 사람의 손때가 묻은 것들이다. 자신의 주변에서 스스로 찾아낸 수학문제야말로 신선미를 더해주고, 따라서 진짜 문제인 것이다.

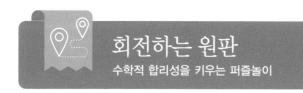

회전하는 원판
수학적 합리성을 키우는 퍼즐놀이

첫 번째 문제

아래 그림과 같이 크기가 같은 두 개의 원판 A, B가 있다고 하자. 여기서 원판 B를 고정시키고, A가 미끄러지지 않고 B의 주위를 회전하도록 한다면, A가 처음에 있었던 자리에 되돌아올 때까지 A는 몇 번 돌아야 하는가?

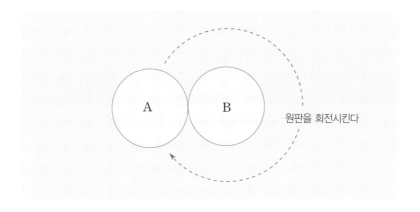

원판을 회전시킨다

두 원판의 원주의 길이가 같고, A가 B의 둘레를 움직이기 때문에 A 자신도 1회전한다고 생각하기 쉽지만, 실제로 두 개의 동전을 써서 실험해 보면 엉뚱한 결과가 나타난다.

A가 처음 위치에 있을 때, 가장 왼쪽에 있는 점을 P라고 하자. A

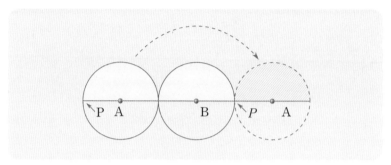

원판이 반회전한다

가 B의 주위를 꼭 반만큼 돌았을 때 A의 색칠된 부분의 둘레, 즉 호 (弧)는 B의 색칠된 부분의 호를 따라 움직인다. 이때 P는 다시 A의 가장 왼쪽 자리에 오게 된다. 이것은 A가 1회전했다는 것을 뜻한다. 따라서 B의 주위를 한 바퀴 도는 동안 A는 2회전한다.

동전으로 실행해보자. 이와 같은 문제는, 무거운 짐을 바퀴 위에 얹어서 운반할 때에도 생긴다. 지금 둘레의 길이가 1미터인 바퀴가 있다고 하자. 이 바퀴가 1회전한다면, 그 위에 실은 판자는 얼마만큼 전진할까? 얼른 1m라고 대답하기 쉽지만 정답은 2m이다.

바퀴를 땅에서 끌어올려 그 중심을 고정시켜 놓으면, 바퀴가 1회 전할 때 판자는 1m 전진한다.

그다음에, 바퀴를 땅 위에 내려놓고 판자를 올려놓으면, 바퀴가 1 회전할 때 그 중심은 1m 전진한다. 이 두 운동을 합쳐서 생각하면, 바퀴가 1회전할 때 그 위의 판자는 2m만큼 움직이게 된다는 것을 알 수 있다.

바퀴와 판자의 경우

처음의 원판 이야기로 다시 돌아가보자. 원판 A가 원판 B의 주위를 두 바퀴 돈다는 것은 원판 A와 원판 B를 바깥에서 보았을 때의 이야기이고, 만일 원판 A에 대해서 원판 B는 몇 회전했는가 하고 묻는다면 답은 달라진다. 이때는, 원판 A는 원판 B의 모든 면과 한 번씩만 닿았기 때문에 1회전이라고 대답해도 좋다.

그렇다면, 달이 지구 둘레를 한 바퀴 돌았을 때, 달 자신은 몇 회전했을까? 달은 지구에 대해 한쪽 면밖에 보이지 않는다. 그러니까 달은 지구에 대해서는 0회전, 즉 조금도 돌고 있지 않다.

지구와 달 밖에서 달의 회전을 보면 어떨까? 지구가 회전하지 않고 정지해 있다고 하면, 달은 꼭 1회전한다는 것을 아래 그림에서 쉽

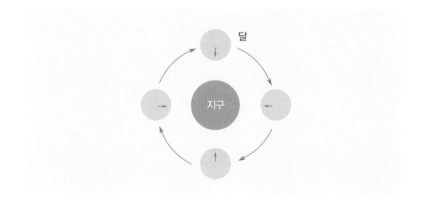

게 알 수 있다.

아래 그림의 왼쪽 끝에 있는 원이 미끄러지지 않고 꺾은 선이나 곡선을 따라 굴러간다고 할 때 원의 중심은 어떤 선을 그리게 될까?

얼핏 생각하면 꺾은 선, 곡선에 각각 평행인 선 같기도 하지만 그렇게 단순하지는 않다.

여기서 문제가 되는 것은 이 꺾은 선, 곡선 중에서 어디가 특수한 부분인가 하는 점이다. 그것은 곧 선이 변화하는 부분, 그러니까 꺾은 선이 꺾인 대목, 곡선이 시작되는 대목이며 이 점에 주의하여 원의 중심이 움직이는 자취를 조사하면 쉽게 답을 얻을 수 있다.

수학적인 센스가 없는 사람은 흔히 아래와 같은 실수를 저지르기 쉽다.

정답은 다음 그림과 같이 된다.

　이러한 문제는 어린이들이나 즐기는 유치한 놀이에 지나지 않다
고 가볍게 보아 넘겨 버리는 사람이 있을지 모른다. 그러나, '지적(知
的)인 놀라움'에서 철학을 시작했다는, 인류 역사상 가장 위대했던
그리스인들은 이러한 퍼즐놀이를 통해서 그들의 합리 정신을 다듬
었다는 사실을 잊어서는 안 된다.

죄수들이 도주하지 못한 이유
사람의 걸음걸이는 직선이 아니다

　마을에서 멀리 떨어진 깊은 산골의 수용소에서 강제노동에 종사하던 두 죄수가 탈주할 기회를 엿보고 있다가, 마침내 어느 눈보라가 치는 캄캄한 밤에 수용소를 빠져나오는 데 성공했다. 얼마 동안 정신없이 걷다 보니, 이제 마을이 나타날 때쯤이라는 짐작이 들었는데, 아닌 게 아니라 어둠 속에 어슴푸레하게 마을 같은 것이 보이기 시작했다. 그런데 그것이 아주 낯익은 모습이어서 자세히 보니 자신들이 출발했던 수용소 바로 그곳이 아닌가?! 혼비백산하여 다시 정신없이 그곳을 빠져나갔다. 그러나 얼마 만에 다시 수용소의 철조망 앞에 도착하고 말았다. 그래서 세 번째로 필사의 도주를 시도했지만, 결과는 마찬가지였다. 결국 심야의 대탈주극은 싱겁게 막을 내리고 말았다.

　그 후부터, 이 수용소를 탈주할 생각을 마음에 품는 사람은 아무도 없었다. 무슨 조화인지 알 수 없으나, 이곳은 절대로 빠져나가지 못하도록 되어 있다는 소문이 죄수들 사이에 퍼졌기 때문이다. 정말 이 수용소에는 죄수가 도망가지 못하도록 무언가 특별한 장치가 되어 있었던 것일까? 그건 결코 아니다.

눈보라가 치는 밤이라든가 안개가 깊을 때에 본인은 똑바로 걷고 있다고 생각하지만 결과적으로는 원을 그리면서 빙빙 같은 자리를 맴도는 일이 흔히 있다는 이야기는 옛적부터 자주 일컬어지고 있다. 실험에 의하면, 이 '원'의 반지름은 약 60~100m이며, 걷는 속도가 빠를수록 '원'의 반지름은 작아진다.

그렇다면 사람이나 다른 동물들이 어둠 속에서는 똑바로 나아갈 수 없고, 걸음의 자취가 원을 그리게 되는 이 기묘한 현상은 왜 일어나는 것일까? 그 답은 동물의 걸음걸이가 직선이 되기 위해서 무엇이 필요한지를 생각하면 저절로 얻어진다. 동물도 좌우의 근육이 완전히 균형있게 움직인다면 눈의 도움 없이 똑바로 갈 수 있다.

그러나 인간이나 동물은 대부분 좌우 근육의 발달 정도가 다르다. 걸음을 걸을 때, 오른발을 왼발보다 조금이나마 더 앞으로 내딛는 사람은 곧게 걸을 수 없는 것이 당연하다. 눈이 이것을 수정해 주지 않으면, 그 사람은 반드시 왼쪽으로 치우치게 된다. 마찬가지로 어두워서 방향을 알 수 없을 때, 보트를 젓는 사람의 왼팔이 오른

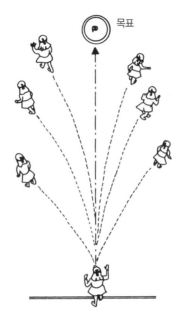

목표

팔보다 힘이 세면, 그 배는 반드시 오른쪽 방향으로 치우치게 마련이다. 즉 왼쪽 또는 오른쪽으로 저도 모르게 돌게 되는 것은, 도깨비의 장난 따위가 아니고 순전히 기하학적인 문제인 셈이다.

자, 그러면 이제부터 오른발과 왼발의 운동을 실제로 계산해 보자. 이를 위해서는 오른발과 왼발 사이의 간격이 보통 10cm쯤 된다는 것을 먼저 염두에 둘 필요가 있다.

가령, 어떤 사람이 오른쪽 방향으로 완전한 원을 그리며 걷는다고 하자. 이때, 오른발이 그리는 자취의 반지름을 rm라고 하면, 그 코

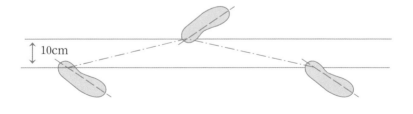

10cm

스의 전체 길이는 $2\pi r$이며, 왼발이 그은 원주의 길이는

$$2\pi(r+0.1)\,(※10\text{cm}=0.1\text{m})$$

이고, 그 차는

$$2\pi(r+0.1)-2\pi r=2\pi\times0.1=0.63\text{m}\,(=630\text{mm},\ 단\ \pi=3.14)$$

이것은 왼발의 보폭에 그 보수(步數, 발걸음의 횟수)를 곱한 것과 오른발의 보폭에 그 보수를 곱한 것 간의 차를 나타낸다.

여기서 처음에 이야기를 꺼냈던 죄수들의 탈주 경로에 대해서 다시 생각해보자. 이 탈주범이 지름 약 4km, 그러니까 둘레의 길이가 약 13000m인 원을 그리며 걸었다고 하면, 평균 보폭을 0.7m라고 할 때, 이 코스를 걷기 위해서는

$$13000\div0.7\fallingdotseq19000\,(보)$$

가 소요되며, 이 중에서 오른발, 왼발이 각각 9500보씩이다. 그런데 왼발은 오른발보다도 전체적으로 따졌을 때 630mm만큼 더 간 셈이기 때문에, 왼발의 한 발자국은 오른발의 그것보다도

$$630\div9500\fallingdotseq0.07\text{mm}$$

가 더 나아간 셈이다. 그러니까 0.1mm에도 미치지 못한다. 이처럼 보잘것없는 좌우의 보폭 차 때문에 결과적으로 원이 그려지고 마는 엄청난 일이 벌어진다. "개미 구멍 때문에 둑이 무너진다"라는 말이 있지만, 이것도 그러한 예에 속한다고 하겠다.

1m의 정의
길이의 단위는 어떻게 정해졌을까?

1m의 기원

1m라는 길이를 모르는 사람은 없지만, 도대체 이 길이가 무엇을 기준으로 하여 만들어졌는지 아는 사람은 그리 많지 않다. 지금 쓰이고 있는 미터법은 약 200년 전인 1790년 프랑스 국민의회에서 제안된 것이다. 당시의 프랑스는 혁명이 한창 진행중인 때로, 나라 안의 질서가 문란해지고 특히 계량기의 사용이 제멋대로였다. 이 무렵 프랑스 국내에서 쓰인 자만도 400종이나 되었다고 하니까 그 무질서 상태는 짐작하고도 남을 것이다.

하기야 조선조 말기의 우리나라는, "마을마다 되가 다르고, 집집마다 자가 달랐다〔殆至村村不同斗, 家家不同尺 《문헌비고(文獻備考, 光武 6년 1902)》〕"라고 했으니 그 무질서는 이보다 더 심했다.

프랑스에서는 심각한 도량형의 무질서 상태를 시정하기 위해서 혁명 후 최초의 의회에서 이 문제를 중요한 의제로 삼았다. 그 결과 도량형 통일위원회에서 길이의 기준으로 다음 세 가지 안이 상정되었다.

첫째 안, 주기가 1초인 시계추의 길이

둘째 안, 지구 적도의 길이

셋째 안, 지구 자오선(子吾線) 길이의 4000만분의 1

이 중에서, 첫째 안은 길이의 단위를 정하는 데 시간이 끼어들기 때문에 좋지 않고, 둘째 안은 실제로 측량하는 데에 접근하기가 어렵다는 이유 때문에 세 번째 안으로 결정되었다. 게다가 이 세 번째 안은 프랑스 국내뿐만 아니라 세계 각국이 채택하기 위해서는 기준이 되는 것이 지구적 규모의 것이어야 한다는 많은 위원들의 의견을 충족시킨다는 강점을 지니고 있었다.

자오선의 결정을 위해서 스페인의 바르셀로나와 프랑스의 케르크 사이가 선택되었으며, 1792년 6월부터 6년 동안 측량이 행해졌다. 그리하여 길이의 단위는 자오선의 4천만분의 1로 결정되었다.

이것이 현재의 1m의 기원이다. 1m를 표시하는 원기(原器)는 백금 90%, 이리듐 10%의 합금이며, 다음 그림과 같은 형태를 하고 있다. 이것은 당시로서는 이론상으로 온도나 그 밖의 원인에 의해 변형이 생기는 비율이 가장 작은 것이었다.

1m의 새로운 정의

미터원기의 표선의 굵기는 7~8미크론(1미크론은 1/1,000,000m)쯤이나 되므로, 아무리 정밀하게 측정해도 0.1미크론 정도의 오차는 피할 수 없다.

뿐만 아니라, 원기(原器)는 그대로 보관해두기만 하는 것이 아니

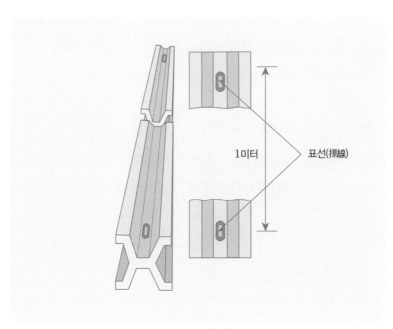

표선(標線)

1미터

미터 원기(原器)

라, 때때로 대조하기 위해서 밖으로 꺼내야 한다. 이런 경우, 공기에 닿아 화학 변화를 일으킬 수가 있고, 그렇잖아도 지진이나 화재 등의 사고로 손상될 우려도 있다. 이런저런 이유 때문에 원기가 없더라도 정확히 1m를 표시할 필요가 절실해지기 시작했다.

원기를 대신하는 것으로 처음에 등장한 것이 빛의 파장(波長)이었다. 그리하여, 1960년에 다음과 같이 길이의 단위가 다시 정의되었다.

크립톤 86원자가 발산하는 빛의, 진공 중에서의 파장의 1650763.73배를 1m로 한다.

그런데 위와 같은 번거로운 숫자는 미터원기와 일치시키기 위한 것이었다. 그 결과 측정의 정밀도는 두 자리가 올라갔지만, 그것은 10억분의 4미터 정도밖에 되지 않는다.

최근에 이르러 더욱 높은 측정 정밀도가 필요하게 되자, 또다시 미터의 정의를 새로 고쳐야 할 문제가 생겼다. 이 요구를 충족시키기 위해서, 빛이 진공(眞空) 중을 통과하는 속도가 일정하다는 성질을 근거로 미터를 정의하게 되었다. 1m는 빛이 진공 중에서 $\frac{1}{299,792,458}$초 동안 진행하는 경로의 길이이다. 이것은 1983년 10월, 국제도량형 총회에서 의결된 것이다. 이 새로운 정의에 의해서 측정의 정밀도는 1조(兆)분의 1m까지 높아지게 되었다.

이처럼 '미터'를 광속으로 정의할 때에는, 레이저 광선을 발사하는 장치만 갖춘다면 광속의 파장(10미크론~0.6미크론)을 측정하여 그것을 기준으로 속도를 잴 수 있기 때문에 어디에서나 1m를 구할 수 있게 되었다.

앞으로도 이 정밀도는 더욱더 높아지겠지만, 결코 그 오차를 0이 되게 만들 수는 없다. 발빠른 아킬레스가 앞서 가는 느림보 거북과의 거리를 얼마든지 단축할 수 있지만 끝내 거북을 따라잡을 수는 없는 것처럼 말이다. 이것이 인간의 숙명일는지도 모른다.

도량형의 단위를 정밀하게 정해두어야 한다는 것은 충분히 이해할 수 있지만, 그렇다고 이렇게까지 정밀하게 할 것까지는 없지 않은가 하고, 고개를 갸우뚱하는 사람들이 적지 않다.

"왜 이렇게 신경질적으로 야단이야. 그런 것쯤 대강대강 해두어도 되잖아. 도로가 약간 파인다 해도, 보도블록이 약간 울뚝불뚝해도, 집 모양이 좀 반듯하지 않아도, 장롱 밑이 마루에 딱 붙지 않아도 그런대로 지낼 수 있지 않은가 …."

동감이다. 그러나 이런 식으로 비행기나 미사일, 원자로를 만든다면 그 결과는 어떻게 될까? 지금 항공기의 경우, 길이는 1천만분의 1m, 질량은 20만분의 1g, 시간은 1백만분의 1초의 정확성을 갖도록 설계되어 있어 이 정도의 기술 수준에 있지 않으면 기술 개발이 불가능하게 되어 있다. 아니, 선진 기술을 이전받지도 못하는 형편이다. 이제 꼼꼼히 따지는 것은 괜한 극성이 아니라 정보화 시대에 사는 사람에게 필요 불가결한 자세인 것이다. 여기서 한마디 덧붙일 것은, 이러한 정밀성을 문제삼은 것이 어제 오늘의 일이 아니라, 고도 기술 시대가 다가오기 훨씬 이전부터의 일이었다는 사실이다. 필요한 지식은 그것을 필요로 하지 않을 때 가꿔야 한다.

성냥개비의 기하학 (1)
성냥개비에서 배우는 기하의 원리

　교과서에서 배웠던 기하는 엄격한 논리로 무장되어 있지만, 실제로 문제를 풀 때에는 논리를 앞세우는 것보다 예리한 통찰력이 필요하다. 우리 주변에 흔히 있는 성냥개비로 만든 도형에서 기하를 공부하는 데 필요한 사고력을 실험해보자.

Q 1 성냥개비 16개로 정사각형 5개를 만들었다. 성냥개비 2개를 움직여, 같은 크기의 정사각형 4개를 만들어보자.

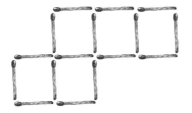

Q 2 성냥개비 20개로 정사각형 7개를 만들었다. 이 가운데 성냥개비 3개
만 움직여서, 같은 크기의 정사각형 5개를 만들어보자.

Q 3 성냥개비 16개로 정삼각형을 8개 만들었다. 성냥개비 4개를 없애고,
정삼각형 4개를 만들어보자.

Q 4 성냥개비 3개로 만든 정삼각형 하나가 있다. 여기에 성냥개비 3개
를 더하여, 같은 크기의 정삼각형 4개를 만들어보자.

Q 5 그림의 도형에 성냥개비 2개를 더 사용하여, 같은 넓이와 모양을 한 도형을 만들어보자.

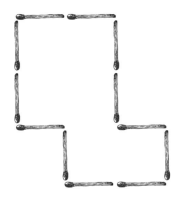

Q 6 성냥개비 12개로 정삼각형 6개를 만들었다. 한 번에 성냥개비 2개씩을 움직여, 삼각형의 수를 하나씩 줄이도록 해보자. 단, 삼각형의 크기는 같지 않아도 좋다.

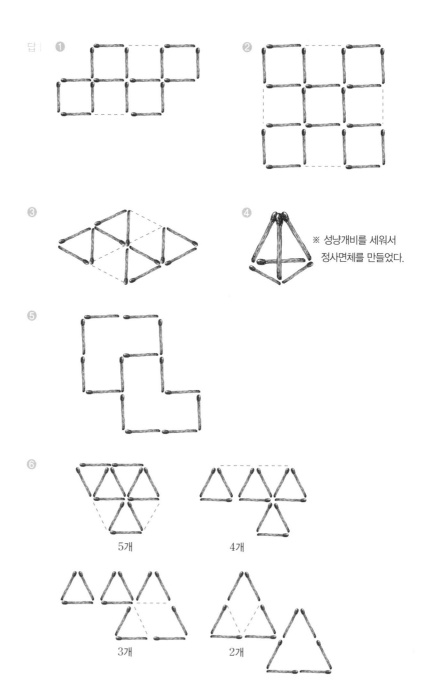

※ 성냥개비를 세워서
정사면체를 만들었다.

5개

4개

3개

2개

옛날 우리나라에서는 물건을 셀 때, '산대' 혹은 '산목(算木)'이라 부르는 작은 나무토막을 사용했다. 보기에는 유치할지 모르나 이 계산 막대로 상당히 복잡한 셈까지 할 수 있었다. 이 산대의 수 표시는 옆의 그림과 같다.

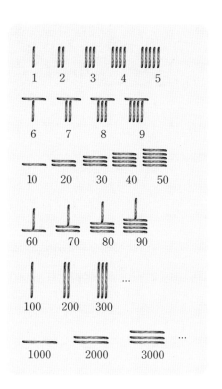

성냥개비의 기하학도 말하자면 산대의 기하학이라고 할 수 있다.

산대나 성냥개비 모두가 단순하지만, 문제 해결에는 매우 큰 도움을 주고 있다.

성냥개비의 기하학 (2)

성냥개비에서 배우는 기하의 원리

성냥개비 퍼즐이 여러 가지로 고안되어 있으나 그중에서도 다음과 같은 문제는 유명하다.

"위의 그림은 12개의 성냥개비를 가지고 넓이가 9인 정사각형을 둘러싼 도형이다. 여기서 성냥개비를 2개씩 차례로 움직여서 넓이가 각각 8, 7, 6, 5인 도형을 만들어 보아라."

이 답은 다음의 그림처럼 하면 간단히 얻을 수 있다.

성냥개비를 2개씩 움직여서 줄일 수 있는 넓이는 이것뿐이지만, 4개까지 성냥개비를 움직일 수 있다고 한다면 넓이를 4와 3으로 만들 수 있다.

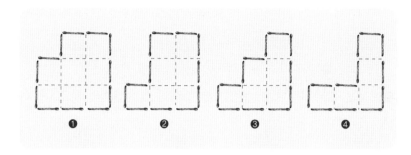

그러기 위해서는 먼저 넓이가 5인 도형을 위 그림의 ❸로부터 아래 그림 ❺처럼 만들어 놓는다. 그리고 그림 ❻, ❼처럼 만들면 된다.

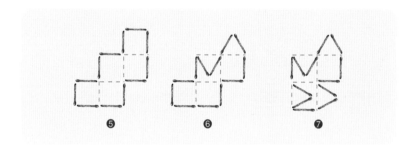

이번에는 성냥개비를 직선으로 배열하는 방법에 관해서 생각해 보자. 3개의 성냥개비로 정삼각형을 만들 수 있기 때문에 아래 그림 처럼 정삼각형을 차례차례로 만들어 가면 성냥개비를 직선으로 배열시킬 수 있다.

또 2개의 성냥개비를 직각으로 놓을 수도 있다. 이것은 아래의 그림처럼 4개의 성냥개비를 이용하면 된다.

단 그림 ❶의 각도는 60°와 90°사이가 되도록 해둔다. 그리하여 ❷에서는 성냥개비의 한 끝점으로부터 다른 성냥개비에 접하도록 다른 2개를 놓는다.

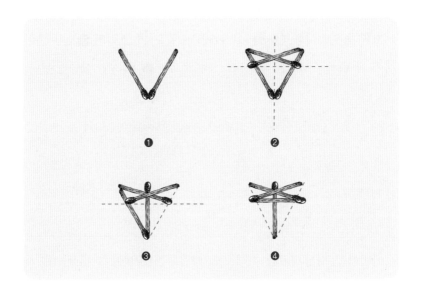

유희를 즐기고 있는 어린이들에게 우리는 많은 것을 배운다. 무엇보다도 아이들은 유희를 통해서 창조성 높은 유연한 사고를 기르기 때문이다. 그래서, "어린이는 어른의 아버지"(워즈워스)인 것이다.

오른쪽과 같은 직사각형이 있을 때, 그 넓이 S는 다음과 같다.

$$S=ab$$

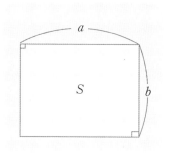

변의 길이가 각각 a, b라고 하는 것은 길이의 기본이 되는 단위가 각각 a개, b개씩 있다는 뜻이기 때문에, 이때 넓이 S는, 이 직사각형 속에 변의 길이가 기본단위 1인 정사각형이 $a \times b$개만큼 들어 있음을 뜻한다.

직사각형의 넓이를 구할 수 있으면, 밑변의 길이가 a, 높이가 b인 평행사변형의 넓이도 구할 수 있다.(그림 ❶)

평행사변형의 넓이를 알면, 이번에는 밑변의 길이가 a, 높이가 b인 삼각형의 넓이도 다음과 같이 구할 수 있다. (그림 ❷)

$$S=\frac{1}{2}ab$$

또 다각형은 반드시 몇 개의 삼각형으로 분할할 수 있기 때문에, 다각형의 넓이를 구하려면 이들 삼각형의 넓이를 구하고 모두 더하면 된다.(그림 ❸)

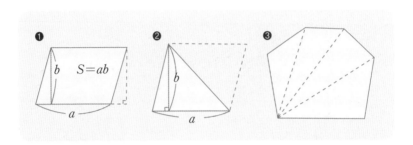

결국, 직사각형 → 평행사변형 → 삼각형 → 다각형의 차례로 도형의 넓이를 구할 수 있다.

그러나 일반적인 도형의 경우에는 다각형의 경우처럼 정확하게 그 넓이를 구할 수 없다. 하기야, 이 방법을 써서 근사적으로 넓이를 셈할 수는 있다. 아래 그림과 같이 작고 많은 삼각형으로 계속 분할하면, 넓이 S의 근사값이 점점 정밀해진다.

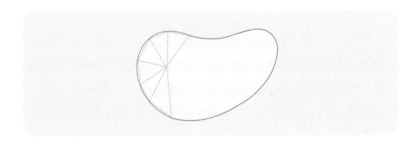

또, 원둘레를 n등분하여 다음 그림과 같이 n개의 삼각형을 만들면 그 넓이의 합은 다음과 같다.

$$S = \frac{1}{2}(a_1 + a_2 + \cdots + a_n)r \; (\text{※} \; a_1, a_2, \cdots, a_n \text{은 각 삼각형의 밑변})$$

n의 개수가 커질수록, 즉 삼각형의 밑변의 길이가 작아짐에 따라 $a_1 + a_2 + \cdots + a_n$은 원둘레의 길이 $2r$에 접근하므로, 이때 넓이의 합S가 원의 넓이 r^2에 가까워진다는 것은 쉽게 알 수 있다.

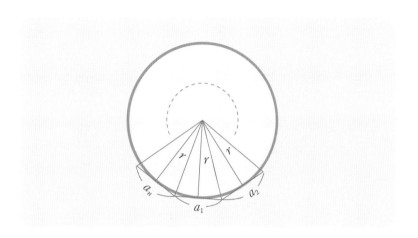

다각형을 사각형으로 바꾼다!

임의의 두 정사각형을 하나의 정사각형으로 바꿀 수 있는가? 이것은 어떤 크기의 정사각형이라도 좋으니 두 개를 만들어서, 그것들을 적당히 베어내거나 이어 맞추어서 하나의 정사각형으로 고칠 수 있는가 하는 문제이다.

이 문제에 처음으로 일반적인 답을 내놓을 수 있었던 사람은 기원전 4세기 경의 그리스 수학자 피타고라스이다.

두 개의 정사각형을 다음 그림과 같은 위치에 놓고 보면, 쉽게 하나의 정사각형으로 고칠 수 있다. 즉, 그림의 ABCDEF와 같은 꼴로 놓고, $\overline{\text{FQ}} = \overline{\text{AB}}$가 되게 점 Q를 잡는다. 그러면 점선과 같은 정사각형 속에, 처음 두 정사각형이 고스란히 들어간다. 머리를 조금 쓰면, △BAQ, △BCP, △QFE, △PDE

가 서로 합동이라는 것, 따라서 □BQEP는 정사각형이라는 것을 증명할 수 있다.

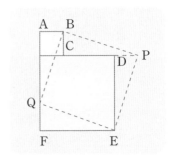

다음에는, 정사각형에 직각이등변삼각형을 이어붙인 도형을 하나의 정사각형으로 고치는 문제이다. 앞 문제와 내용이 똑같기 때문에, 해답을 보지 말고 먼저 여러분 스스로 생각해보는 시간을 가져보기 바란다.

자, 여러분이 생각한 것을 다음 해답과 비교해보자.

정사각형에 붙어 있는 '혹'이 직각이등변삼각형이라는 것이 포인트이다. 즉, 이 삼각형을 두 개로 쪼개어 옮기면, 정사각형(AK′BK)이 된

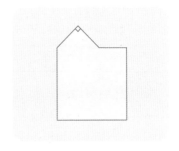

다. 그 다음은 앞에서 이야기한 두 개의 정사각형을 하나의 정사각형으로 만드는 방법과 같다.

이런 문제 역시 겉보기에는 알맹이가 없는 그야말로 싱거운 퍼즐인 것처럼 보일지 모른다. 그러나, 잠깐! 과거에 한국을 비롯한 동양의 나라들에는 도형의 변형 문제와 같은 유희가 없었다는 사실을 상기해 주기 바란다. 이러한 퍼즐은 그리스 이래의 유럽적인 정신 풍

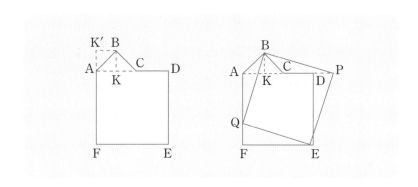

토에서 태어난 것이다. 그리스인들은 본래 불규칙적인 것을 규칙적인 것으로 바꾸는 일에 비상한 관심을 가졌다. 도형에 관해서는 더욱 그랬다. 그것은 우주가 질서정연한 것이라는 그들의 신념을 뒷받침하는 증거를 확인하기 위해서였다. 그러는 동안에, 그들은 수학이라는 학문을 오늘처럼 다듬고 발전시킨 것이다.

넓이를 재는 '자'는?
불규칙한 모양의 넓이 재기

어느 중학교 수학 시간에 선생님과 학생 똘똘이 사이에 다음과 같은 대화가 있었다.

선생님 넓이란 어떤 것일까?

똘똘이 세로 곱하기 가로입니다.

선생님 그러면 이런 꼴의 도형 넓이는?

똘똘이 내부의 크기입니다.

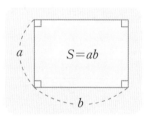

선생님 그런데 아까는 '세로 곱하기 가로'라고 했잖아.

똘똘이 글쎄요, 이런 꼴을 하고 있을 때는 세로도 가로도 없는데… .알았다! 이런 모양의 도형에는 넓이라는 게 없는 거지요!

선생님 원의 넓이를 생각해 봐. 어떻게 구하지?

똘똘이 반지름×반지름×3.14! 이 공식으로 구하면 되나요?

선생님 하지만 여기에는 반지름도 없잖아?

똘똘이 역시 이런 꼴의 넓이는 구할 수 없습니다.

넓이란 반드시 '가로×세로', 아니면, '반지름×반지름×3.14'로 나타낼 수 있어야 한다고 알고 있는 이 학생은 직사각형이나 원, 그렇지 않으면 기껏해야 삼각형이나 평행사변형 – 이것들은 직사각형의 넓이로부터 구할 수 있다 – 정도의 간단한(특수한!) 도형의 넓이밖에 셈할 줄 모른다.

도대체 이러한 불규칙적인 모양을 한 도형의 넓이란 어떤 것을 말하는 것일까? 그리고 어떻게 그 크기를 비교할 수 있는 것일까?

이 해답을 찾기 위해서 먼저 길이를 재는 방법부터 알아보자. 길이 중에서도 직선의 길이는 비교하기가 쉽다. 그냥 나란히 두면 알 수가 있으니까. 그리고 직접 비교할 수 없다면, 자를 사용하면 된다. 그러나 직선이 아닌 구부러진 선, 즉 곡선의 길이는 어떻게 하면 잴 수 있을까? 이런 때는 가령 컴퍼스를 조금 펴고, 그것으로 곡선을 끊어가면 된다. 실은 이것이 불규칙적인 도형의 넓이를 재는 방법을 찾아내는 실마리가 되어 준다.

곡선의 길이는 아주 작은 자를 쓰면 잴 수 있다. 이때의 '작은 자'란, 컴퍼스 사이의 길이를 말한다. 여기서 중요한 것은 곡선을 '같은 길이의 아주 작은 선분으로 된 꺾은 선'으로 간주하고 있다는 점이다. 컴퍼스의 사이를 작게 할수록 이 꺾은 선이 처음의 곡선에 가까워짐은 말할 나위가 없다.

그렇다면 넓이를 재는 일도 이와 같이 길이를 재는 것과 똑같이 할 수 있을 것이다. 곡선의 길이를 작은 자로 재었던 것처럼, 불규칙적인 꼴의 도형의 넓이도 '작은 자'를 만들어서 재면 된다.

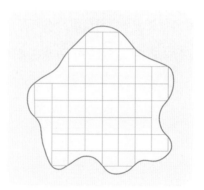

모눈이 넓이를 재는 '자'의 구실을 한다.

길이를 재는 자가 길이였던 것처럼, 넓이를 재는 자는 넓이여야 한다. 즉, 넓이를 재기 위해서는 작은 정사각형을 '자'의 단위로 삼으면 된다. 정사각형의 모눈을 재려는 도형의 내부에 가득 채웠을 때, 이 작은 정사각형의 개수가 도형의 넓이를 나타낸다고 생각하는 것이다.

이런 식으로 넓이를 나타내는 것을 못마땅하게 생각하는 사람도 있을 것이다.

"모눈으로 된 다각형과 실제 도형 사이에는 틈이 있기 때문에 이것이 진짜 도형의 넓이라고 할 수 없지 않을까?"

라고 말이다. 물론 일리 있는 말이다.

그러나 길이를 잴 때 컴퍼스의 양다리 사이의 간격을 자꾸자꾸 좁

혀가면서 계속 작은 '자'를 만들어 가면 본래의 곡선에 한없이 가까운 꺾은 선을 만들 수 있었던 것처럼, 면적의 경우에도 더욱더 작은 정사각형을 사용하면 처음의 모양에 닮은 다각형을 무수히 만들 수 있으며, 그만큼 넓이는 정밀해진다.

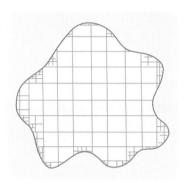

넓이의 '자'를 작게 할수록
그만큼 넓이를 세밀하게 잴 수 있다.

이런 게 뭐 대단한 착상이냐고 빈정되는 사람이 있다면, 그야말로 대단한 천재이거나 수학에 관심이 없음이 틀림없다. 여기에도 앞에서 이야기한 적분학의 기본적인 생각이 담겨져 있기 때문이다.

미련한 파훔
톨스토이가 내놓은 기하학 문제

톨스토이의 단편소설 《사람에게는 얼마만큼의 토지가 필요한가?》 중에서 우리의 관심을 끄는 부분만 추려보면 다음과 같은 대목이 있다.

넓은 경작지를 싸게 팔겠다는 소문을 듣고 찾아온 파훔에게, 마을의 촌장이 이렇게 제의를 했다. 1000루블을 내고 하루 동안에 자신이 표시한 구역의 토지를 갖도록 하라고 말이다.

다음날 해가 솟아오르자 마자, 파훔은 약속 장소에 나갔다. 벌써 촌장은 마을 사람들과 함께 나와 있다가, 여우털 모자를 땅에 놓고 말했다.

"해가 저 산 너머로 지기 전에 당신이 갖고 싶은 구역을 삽으로 파서 표시하시오. 그것은 전부 당신 것이 될 것입니다. 그러나 해가 진 다음에 당신이 돌아온다면, 모두 무효가 되지요. 자, 그러면 출발하시오."

파훔은 삽을 어깨에 메고 빠른 걸음으로 초원을 향해 걸어갔다. 5리쯤 가서 흙을 파서 표시한 다음에 다시 5리를 걸어갔다. 이쯤이면 되었다고 생각한 그는 그 자리에 표시를 하고, 직각으로 꺾어서 왼쪽으로 향했다. 한참을 걸어간 다음에 다시 왼쪽으로 꺾어서 나아갔다….
출발지점을 바라보니 더위 때문에 아지랑이 속에서 촌장의 모습이 몽
롱하게 비쳐보였다. 마음이 다급해진 그는 이 방향으로 겨우 2리만 가
서 거기에 표시하고는 촌장 일행이 서 있는 곳을 향해 달려갔다.

온몸이 땀으로 멱을 감다시피한 데다, 금방이라도 숨이 끊어질 것
만 같이 고통스럽고 심장은 심하게 방망이질을 쳤다. 태양은 이제
지평선에 닿아 있었다. 그야말로 사지를 헤매는 기분으로 목적지를
향했던 그는 마침내 촌장이 속삭이듯 말하는 소리를 들었다.

"정말 장한 일을 했소이다. 이제 저 넓은 땅이 모두 당신 것이오."

그러나 마지막 소리는 들을 수 없었다. 그는 이미 죽은 몸이었으니까.

불쌍한 농부 파휨의 가엾은 최후를 측은히 생각하는 일은 다음에 차분히 하기로 하고, 여기서는 이 글 속에 담긴 기하학 문제에 눈을 돌리기로 하자.

파휨이 표시한 구역은 이런 형태를 하고 있다. 즉, 처음에 한 방향으로 10리를 가고, 직각으로 꺾어서 왼쪽으로 x리(왜냐하면 이 부분에 대해서는 거리가 제시되지 않았으므로), 그리고 다시 왼쪽으로 2리를 가서 똑바로 출발지점으로 향했기 때문에 다음 그림 ❶과 같이 된다.

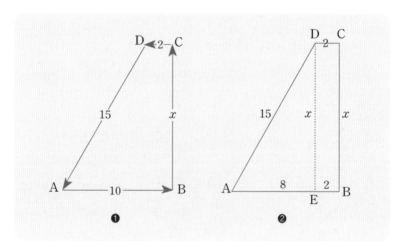

이 자료만 있으면, 파휨이 차지할 수 있었던 땅 넓이를 쉽게 구할 수 있다. 먼저 그림 ❷에서

$$\overline{ED} = \sqrt{15^2 - 8^2} \fallingdotseq 13(리)$$

사다리꼴 ABCD의 면적은 공식을 써서 다음과 같이 구할 수 있다.

$$\frac{\overline{AB} + \overline{CD}}{2} \times \overline{BC} \fallingdotseq 6 \times 13 = 78(리^2)$$

아마 톨스토이는 이 도형을 미리 머릿속에 그려놓고 이야기를 엮어나갔을 것이다.

그러나 만일 파횸이 기하학적인 지식을 조금 가졌었다면, 저런 비극적인 죽음을 당하지 않아도 되었을 것이다. 둘레의 길이가 같은 사각형 중에서는 정사각형의 넓이가 최대가 된다는 사실만을 알고 있었다면 말이다.

저 비극적인 날, 파횸은 $10+13+2+15=40$리를 걸었다. 네 변의 길이의 합이 같은 40리라도 정사각형이라면 그 넓이는 다음과 같다.

$$10 \times 10 = 100(리^2)$$

또 둘레의 길이가 같은 정다각형 중에서는 변의 개수가 많을수록 넓이가 크다는 사실이 밝혀지고 있다. 이렇게 말하면 이미 짐작이 가겠지만, 주위의 길이가 일정할 때 가장 넓은 도형은 원이다. 만일 파횸이 둘레의 길이가 40리

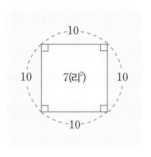

인 원을 그려서 걸었다면, 그 토지의 넓이는 최대가 된다.

$$S = \pi \left(\frac{40}{2\pi} \right)^2 ≒ 127(리^2)$$

톨스토이의 이 글은 인간의 탐욕에 대한 경각심을 불러일으키기 위해서 쓰인 것임은 말할 나위가 없지만, 여기서 보아 넘길 수 없는 것은 왜 하필이면(?) 수학적인 문제를 예로 들고 있는가 하는 점이다. 그만큼 톨스토이가 남달리 수학에 조예가 깊었던 말인가? 아니

결코 그렇지는 않다. 수학을 소설이나 시의 소재로 삼은 작가는 우리 나라에서는 요절한 '오감도(烏瞰圖)'의 시인 이상(李箱) 정도를 제외하고는 거의 없다. 그러나, 이 때문에 그는 '괴짜' 소리를 듣고 있다.

그러나 유럽에서는 시인, 소설가는 물론 미술가, 음악가들을 포함해서 적어도 지식인이라고 일컬어지는 사람이면, 수학에 대해서 나름대로의 식견을 으레 가지고 있기 마련이다. 그것은 "이치 있게 따지기 위해서는 수학의 힘을 빌리는 것이 가장 효과적이다"라는 그리스 이래의 전통이 그들의 몸에 배어 있기 때문이다. 실제로, 세계의 고전 중에서도 최고 걸작으로 꼽히는 고대 그리스의 대철학자 플라톤의 대화편 어디를 펼쳐보아도 수학에 관한 이야기가 실려 있다. 톨스토이도 이 전통을 따랐음이 틀림없다.

분석과 종합의 계산법
작게 자르고 다시 모아서 계산한다

오른쪽 그림과 같이 타원형으로 생긴 과자 표면(윗면)의 넓이를 알고 싶을 때, l 과 r 로부터 억지로 각도를 구하면 그런대로 답을 얻을 수 있으나, 더 쉽게(더 멋있게!) 셈하는 방법을 생각해보자.

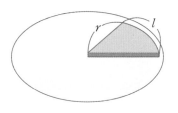

그 방법이란 다음과 같이 아주 작은 부분으로 나누었다가 이것들은 다시 모으는 식으로 셈하는 것이다. 즉, '분석'과 '종합'의 방법을

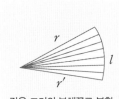

같은 크기의 부채꼴로 분할

자꾸자꾸 세분해간다.

넓이 $= r \times \dfrac{l}{2} = \dfrac{rl}{2}$

*r 과 r' 의 길이가 거의 같은 – 따라서 l 의 길이가 아주 작은 – 부채꼴을 생각한다.

여기서 활용하자는 것이다. 분석이란 철저하게 세분하는 것을 말한다. 바로 여기에 이 방법의 비결이 있다.

답이 $\dfrac{rl}{2}$(l은 둘레의 길이)이라는 것은 금방 알 수 있을 것이다.

이 분석과 종합의 방법은 입체의 부피를 셈할 때에도 이용할 수가 있다. 예를 들어, 반지름이 r인 구의 부피가 $\dfrac{4}{3}r^3$임을 알고 있을 때, 겉넓이 S를 구하기 위해서는 다음과 같이 구를 많은 추(뿔)로 분할

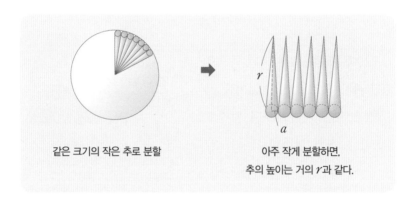

같은 크기의 작은 추로 분할

아주 작게 분할하면,
추의 높이는 거의 r과 같다.

해서 생각하면 된다. 물론 이 추의 꼭지점은 구의 중심이다.

즉, 충분히 잘게 분할한다면, 추의 높이를 구의 반지름 r로 간주할 수 있다. 그리고 각 추의 밑넓이 전체의 합은 겉넓이 S와 일치한다. 이때 추의 부피는 $\dfrac{1}{3}\pi a^2 r$(단, a는 각 추의 밑면의 반지름)이므로, 이들 추 전체의 합, 즉 구의 부피는

$$\frac{1}{3}(\underbrace{\pi a^2 + \pi a^2 + \cdots}_{S})r = \frac{rS}{3} = \frac{4}{3}\pi r^3$$

즉,

$$S = 4\pi r^2$$

이 된다. 요컨대 입체를 세분함으로써 그 부피를 바탕으로 겉넓이를 구할 수 있다.

미분(微分)이란 무한히 세분해가는 것, 그리고 적분(積分)은 그것들을 이어붙이는 것을 말한다. 따라서 구의 부피 $\frac{4}{3}\pi r^3$을 미분하면, 겉넓이는 $4\pi r^2$이 되고, 또 원의 넓이 πr^2을 미분하면 원주의 길이는 $2\pi r$이라고 말할 수 있다. 실제로, 이는 미분한 결과와 일치한다.

이런 사실을 이해한다면, 다음과 같은 문제도 어렵지 않게 풀 수 있다.

Q 공기를 $50l$(50000cm³) 넣으면 팽팽해지는 다음과 같은 튜브가 있다. 이 튜브의 겉넓이는 얼마나 되는가?

이 튜브를 위쪽에서 볼 때 방사상태가 되도록 같은 크기로 나눈다. 이렇게 잘라낸 각 토막은, 다음 그림의 오른쪽과 같은 형태가 된다.

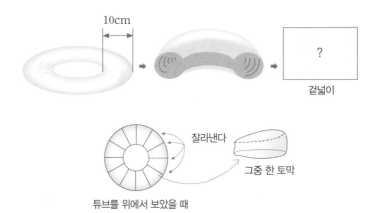

이 세분된 토막들을 아래의 왼쪽 그림처럼 쌓아올리고, 각 토막의 폭을

한없이 줄여가면 끝내는 오른쪽 그림과 같은 원통이 된다.

이 원통의 옆면적이 튜브의 표면적이며, 체적이 튜브의 체적이 되는 것이다.

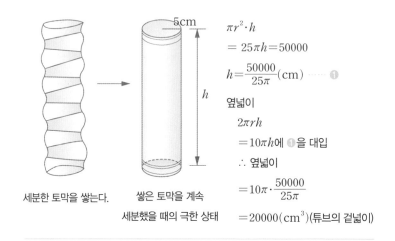

세분한 토막을 쌓는다.

쌓은 토막을 계속
세분했을 때의 극한 상태

$$\pi r^2 \cdot h$$
$$= 25\pi h = 50000$$
$$h = \frac{50000}{25\pi}(\text{cm}) \cdots\cdots ❶$$

옆넓이
$$2\pi rh$$
$$= 10\pi h \text{에 } ❶ \text{을 대입}$$
$$\therefore \text{옆넓이}$$
$$= 10\pi \cdot \frac{50000}{25\pi}$$
$$= 20000(\text{cm}^3)(\text{튜브의 겉넓이})$$

‘더하기’와 ‘빼기’가 서로 역의 연산임은 잘 알고 있을 것이다. 이 역연산(逆演算)은 수학에서 아주 중요시된다. 예를 들어, 곱셈의 역연산은 나눗셈이고, 제곱의 역연산은 제곱근(구하기)이다. 또, $y = f(x)$가 $x \to y$라는 대응이라고 한다면, 그 역의 대응 $y \to x$는 $x = f^{-1}(y)$라는 역함수이며, $f(x)$의 역연산이다. 연산이 역연산을 가지면 이 연산은 가역적(可逆的)이라고 하는데, 모든 연산은 역연산을 가질 때, 즉 가역적일 때 강력한 힘을 발휘한다. 일방통행밖에 할 수 없는 도로는 아주 불편하다. 마찬가지로, 수학에서도 역연산이 없는 연산은 별로 쓸모가 없다.

‘분석과 종합’도 일종의 가역적인 작업이다. 도형을 계산하기 쉬운 삼각형이나 직사각형으로 적당히 세분한 다음, 다시 그것들을 이어 붙여서 전체의 넓이를 구하는 일이 그 한 예이다. '나눈 것'(분석)과 '이어붙이는 것'(종합)은 서로 역의 조작(=연산)이기 때문이다. 이 '분석과 종합'의 조작을 나타내는 대표적인 예는 우리가 자랑하는 한글에서 볼 수 있다. 한글은 ㄱ, ㄴ, ㄷ … 등의 자모(字母)로 일단 분해시키고 이것들을 다시 엮어서 낱말을 만드는데, 여기에는 분석과 종합의 방법이 철저히 쓰이고 있다. 이 분석과 종합의 정신이 수학에도 반영되었더라면, 한국 수학은 진작 세계의 정상을 차지했을 것이다.

복잡한 문제는 그림으로
무한을 유한으로 바꾸는 수학 감각

다음과 같은 문제가 있다고 하자.

A라는 사람이 어떤 부자에게서 1억원을 연리 25%로 빌렸다. A
는 이 빚을 다음과 같은 조건으로 갚겠다고 제안했다.

"1년이 지나면 1억원을 갚겠습니다. 따라서 그때의 잔금은 1년 이
자인 2500만원입니다. 2년째에는 이 2500만원을 갚겠습니다. 그때의
잔금은 그 이자 625만원(2500만원의 25%)이 됩니다. … 이런 식으로
해마다 지난 해의 원금에 해당하는 액수를 갚아나가겠습니다."

그렇다면 A는 빚을 모두 갚을 때, 원금의 몇 배를 지불하는 셈이 될까?

이런 것은 대학 입시에나 나올 문제라고 처음부터 아예 포기해 버
리는 사람도 적지 않을 것이다. 실제로 이것을 일일이 계산해 나간
다는 게 이만저만 고역이 아닐 것이다. 아니 그렇다기보다도, 이런
식으로 갚는다면, 영원히 빚을 청산할 수 없는 게 아닌가라는 걱정
이 앞설 것이다. 실제로 그렇다. 그러나 지불하는 액수가 지난해의

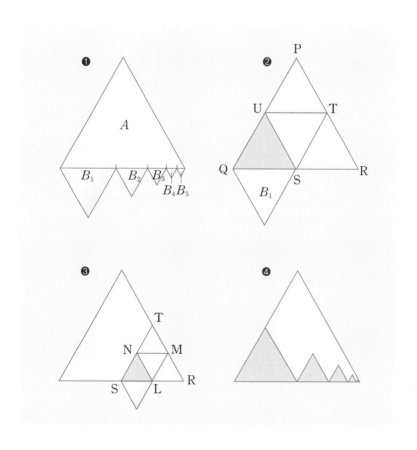

$\frac{1}{4}$의 크기로 해마다 줄어드는 것도 사실이다. 그래서 더 알기 쉽게 1억원을 삼각기둥의 황금으로 바꾸어 생각하자. 그리고 이 1억원짜리 황금 삼각기둥이 $\frac{1}{4}$씩 줄어드는 상태를 그림으로 나타내면, 위의 그림과 같이 된다.

A는 1억원짜리 황금 삼각기둥의 밑면이다. 그리고 B_1, B_2 …는 각각 1년째, 2년째 …의 황금 삼각기둥의 밑면이다. 결국 처음의 문제는, "(이 그림에서) B_1, B_2 …를 모두 합친 것은 A의 몇 배인가?"라

는 문제로 귀결된다.

먼저 A를 4등분하여 그림 ❷처럼 기호를 붙여보자. 이때 B_1의 넓이는 △QSU와 같고, 사다리꼴 PQST의 $\frac{1}{3}$이다.

그 다음에 △STR을 이와 똑같은 식으로 4등분하여 그림 ❸과 같이 기호를 붙이면, B_2의 넓이는 △SLN과 같고, 사다리꼴 TSLM의 $\frac{1}{3}$이다. 이런 식으로 계속해가면 A는 무수히 많은(무한개!) 사다리꼴 모양으로 나누어지고, 각 사다리꼴은 저마다 작은 삼각형 B_n의 3배이다. 따라서 이 사람은 원금의 $\frac{1}{3}$, 즉 만 원 단위로 따져서 3333만원을 더 내게 되는 셈이다.

어떤가! 이렇게 그림의 힘을 빌리면, 문제가 알기 쉬워질 뿐더러 풀이 자체가 아주 멋있기조차 하다. 이런 것을 한눈에 모든 것을 훤히 볼 수 있다는 뜻으로 '일목요연'이라고 한다던가.

어린이용 텔레비전 만화에서도 무한의 공간 속을 뚫고 가는 우주 여행이 자연스럽게 등장하고 있는 요즘이지만, 막상 계산의 자리에서 무한을 만나면, 보통 사람은 거의가 질색을 하기 마련이다. 무수히 많다, 무한이다라는 말만 들어도 아예 생각을 그만두어 버린다. 사람은 본래 유한의 공간 속에서 활동하고 그 삶 자체가 유한의 시간 내에 머물러 있다. 그래서 무한을 보면 본능적으로 겁을 먹는 것인지도 모른다. 무한을 보아도 겁을 먹지 않는다는 것은, 무한을 유한처럼 다룰 수 있는 능력이 있다는 뜻이다. 무한을 다루는 수학자는 그것을 유한과 똑같이 다루는 능력을 가지고 있는 것이다. 수학에는 실제로 무한을 유한으로 바꿔 나타내는 문제가 많이 등장한다. 이러한 해결 능력도 일종의 수학 감각이다.

평소 공부를 못하던 학생이 어느 날 갑자기 두각을 나타내어 주변 사람들을 놀라게 하는 일이 있다.

고등학교에서 가르치는 미분적분학(微分積分學)이라는 수학을 발견한 뉴턴은 마을의 골목대장에게 맞은 것이 동기가 되어, 그날부터 열심히 공부를 하여 나중에는 천재라는 말을 듣게 되었다. 어떤 역사가는 그때 주먹질을 한 골목대장을 "세상에서 가장 값진 주먹을 휘두른 사람일 것이다. 왜냐하면, 그 주먹 한 대가 미분적분학과 만유인력(萬有引力)의 법칙을 끌어내게 하였으니까"라고 말하고 있을 정도이다.

아인슈타인은 세 살 때까지 말을 할 줄도 몰랐고, 초등학교 때에는 선생님이 그를 지진아로 취급할 정도였다. 그러다가 열한 살 때 읽은 과학책에 흥미를 느껴, 그때부터 과학에 대한 관심이 높아졌다고 한다.

또, 20세기 최고의 수학자로 알려진 힐베르트는 어렸을 적에 암기력이 나쁘고 공부도 못했다고 한다. 기억력이 나쁜 것은 평생 동안

여전하여, 한번은 자신이 쓴 논문을 읽고도, "이 논문은 참 좋은데, 누가 쓴 거야?"라고 물었다는 일화도 전해지고 있다.

이상은 역사에 남은 위대한 수학자들의 이야기이다. 물론, 어렸을 때부터 재능을 발휘한 수학자들도 많지만 혹 우리가 공부를 못한다거나 기억력이 나쁘다고 해서 낙심할 필요는 없다. 생활을 하다 보면 어떤 자극을 받거나 힌트를 얻어 갑자기 수학에 흥미를 느끼게 되는 일이 흔히 있다.

매일 사용하는 세숫비누나 두루마리 화장지는 처음에는 아무리 써도 줄어든 것 같지 않다. 그러다가 뭉치가 작아지기 시작하면 금방 닳아 없어지고 만다. 이럴 때, 그 이유를 곰곰이 생각해 스스로 해답을 찾게 되면, 그야말로 그 순간부터 갑자기 수학에 재미를 느끼기 시작할 것이 틀림없다.

이 두 가지 경우는 똑같은 원리에 의해 일어난다. 즉, 닳음비와 넓이의 비, 부피의 비의 관계가 그것이다.

비누의 가로·세로·높이의 길이가 각각 처음의 $\frac{1}{2}$로 줄어들면 그 비누의 부피는 $\frac{1}{8}$로 줄고, 두루마리의 반지름이 $\frac{1}{2}$일 때 그 두루마리 화장지의 길이(두루마리의 밑면)는 $\frac{1}{4}$이 된다.

과일 가게에서 과일을 고를 때에도, 닳음비를 알고 있으면 이득을 본다. 수박을 살 때, 반지름이 $\frac{1}{2}$인 수박 8개가 반지름이 1인 수박 한 개와 그 양이 같은 셈이다. 가격이 $\frac{1}{8}$일 리는 없을 테니까 작은

수박을 사는 편이 결국 손해이다. 이러한 사실을 혼자서 깨달았다면 이제 누가 뭐라 해도 수학을 그만둘 수 없게 된다.

두 번째 이야기

닮은 삼각형은 많다. 작은 삼각형과 큰 삼각형 사이의 비는 1이 아니지만 작은 삼각형이 점점 커지면서 완전히 큰 삼각형과 합쳐지면 그들 사이의 비는 1 : 1이 된다.

합동인 도형도 비로 따지면 닮은 도형의 하나이다. 즉, 대응변의 비가 1 : 1인 닮은 도형은 곧 합동이 되기 때문이다.

정사각형은 모두 닮았다. 가령 다음과 같은 위치에 두 정사각형이 있다고 해도 그 중 하나를 움직여서 중심이 겹치게 하면, 닮음의 위치에 올 수 있다. 다른 모든 정다각형의 경우도 마찬가지이다.

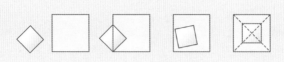

이것은 곡선으로 된 도형의 경우에도 성립한다. 두 개의 원은 크기와는 상관없이 항상 닮았다.

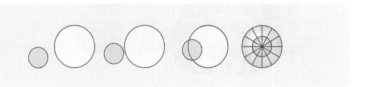

일반적으로, 점 O를 중심으로 하여 도형 F를 m배로 확대한 것이 F_1일 때, F와 F_1은 '닮음의 위치'에 있다 하고, O를 '닮음의 중심', 그리고 m을 '닮음비'라고 한다. 닮음비 m이 $m>1$일 때가 보통의 확대인 경우이다.

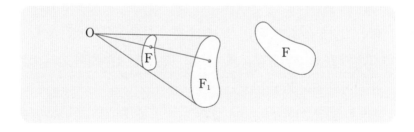

선생님 여기서 다음과 같은 퀴즈를 생각해보자. 하나의 상자에 똑같은 재료로 만든, 모양이 같은 공을 다음과 같이 채워 넣었다고 하자. 큰 공을 넣었을 때와 작은 공을 넣었을 때의 무게는

어떻게 다를까?

똘똘이 글쎄요. 음… 무게는 마찬가지가 아닙니까!? 하나의 공과 그
주위를 생각하면, 닮음비의 원리에 의해서 곧 알 수 있습니다.

선생님 음. 속지 않는 것을 보니, 역시 너는 똘똘이구나.

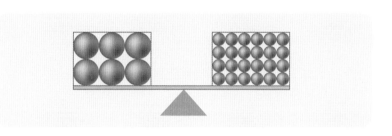

자연 속의 정다각형
자연이 정육각형을 좋아하는 이유

정오각형 타일이 없는 이유

거리의 보도라든지 고층 건물의 벽, 그리고 목욕탕 바닥 등은 대부분 타일로 되어 있다. 이 타일에는 여러 가지 모양이 있으나 정사각형이나 직사각형으로 된 것이 대부분이고 더러는 정삼각형이나 정육각형의 타일을 사용하는 경우도 있다.

그러나 정오각형이나 정칠각형, 정팔각형으로 된 타일은 눈에 띄지 않는다. 그 이유는 이러한 모양으로 된 타일을 쓰면 벽이나 마루를 모두 메울 수 없기 때문이다. 그 이유에 관해서 자세히 살펴보자.

다음 그림에서 짐작할 수 있는 바와 같이 정n각형의 한 내각은 다음과 같다.

$$180° \times \frac{n-2}{n} \quad (n>3)$$

정n각형의 타일을 빈틈없이 이어붙일 수 있으려면 각 꼭지점을 x개의 정n각형으로 둘러싸야 한다. 이때 x는 2가 될 수는 없으므로 x는 3 이상이어야 한다. 그리고 내각이 x개 모여서 $360°$가 되므로,

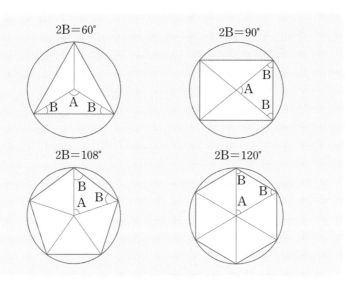

$$x \times \text{정} n \text{각형의 한 내각} = x \times 180° \times \frac{n-2}{n} = 360°$$

$$x = \frac{2n}{n-2}$$

그런데 $x \geqq 3$이어야 하므로

$$\therefore 2n \geqq 3(n-2)$$

$$\therefore n \leqq 6$$

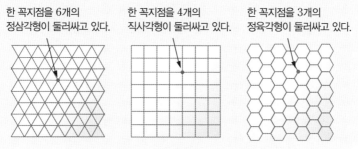

한 꼭지점을 6개의
정삼각형이 둘러싸고 있다.

한 꼭지점을 4개의
직사각형이 둘러싸고 있다.

한 꼭지점을 3개의
정육각형이 둘러싸고 있다.

정 3, 4, 6각형의 경우에는 평면을 완전히 메울 수 있다.

그러므로 반드시 정육각형 이하여야 한다. 게다가 x는 정수이기 때문에 그러한 x를 찾으면 x는 3, 4, 6이 된다. 만일, 정오각형이라면 $x=\dfrac{2\times5}{5-2}=\dfrac{10}{3}$이 되어서 정수라는 조건에 어긋나게 된다. 따라서 정 3, 4, 6각형 이외의 모양을 한 타일이 붙어 있으면 어딘가 잘못이 있는 것이다.

자연 속에 나타난 육각형

자연이 육각형을 좋아하는 이유로는 액체의 표면에 나타나는 힘의 작용, 그 밖에 바람이나 물의 복잡한 작용 등 여러 가지를 꼽을 수 있다. 그러나 이러한 서로 다른 원인들이 모두 똑같은 결과를 가

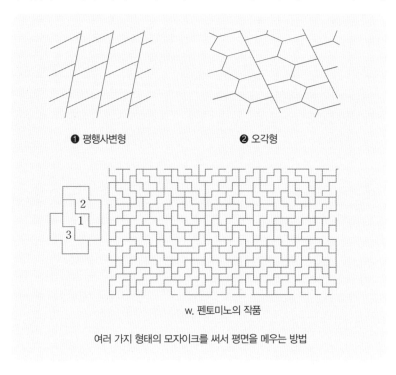

❶ 평행사변형   ❷ 오각형

w. 펜토미노의 작품

여러 가지 형태의 모자이크를 써서 평면을 메우는 방법

자연적으로 육각형의 모양을 갖고 있는 눈의 결정

져오는 것은 신비스러운 일이다.

평면을 크기와 모양이 같은 다각형, 즉 합동인 다각형으로 빈틈없이 메우기 위해서는 어떤 다각형이 필요할까?

이 물음에 대한 답은 얼마든지 많이 있다. 178쪽 그림의 ❶처럼 합동인 평행사변형일 경우에는 어떤 것이든 상관이 없고, 또 그림 ❷처럼 오각형일지라도 적당한 모양의 것이면 그렇게 할 수 있다.

그러나 앞에서 이야기한 바와 같이 정다각형, 즉 변의 길이와 각의 크기가 모두 같은 다각형으로 한정시키면, 그러한 다각형은 정삼각형, 정사각형, 정육각형 세 가지뿐이다.

그런데 자연계에서 평면을 빈틈없이 메우는 정다각형은 정육각형꼴의 것이 대부분이다.

또 같은 크기의 비눗방울을 평면상에서 하나씩 덧붙여가면, 정육각형이 생긴다. 이것은 경계의 면적을 가장 작게 만들려는 자연의 의지가 작용한 결과라고 한다.

꿀벌의 집은 왜 육각형인가?

기원후 3세기에 알렉산드리아에서 살았던 그리스의 수학자 파포스(Pappos, 290~350)가 남긴 《수학집성(數學集成)》이라는 책에는 '꿀벌의 집에 관한 이야기'라는 대목이 있는데, 거기에는 다음과 같은 구절이 있다.

꿀벌은 천국에서 꿀이라는 신들의 음식 일부를 얻어서 인류에게 날라다 준다. 이처럼 귀한 꿀을 땅바닥이나 수목, 그 밖의 마시기 사나운 곳에 함부로 부어넣는 것은 적당치 않다. 그래서 꿀벌들은 꿀을 붓기에 알맞은 그릇을 만들었다. 이 그릇은 불순물이 끼지 못하도록, 서로 빈틈없이 연이어 있는 형태를 지녀야 한다.

그런데 동일한 점을 둘러싼 공간을 빈틈없이 채울 수 있는 도형은

정오각형의 연결도형(빈틈이 많다)

정삼각형, 정사각형, 그리고 정육각형 세 가지밖에는 없다. 꿀벌들은 본능적으로 최대의 각(꼭지점)을 가진 정육각형을 택했지만, 이 형태는 둘레의 길이가 같은 다른 둘보다 훨씬 많은 꿀을 채울 수가 있다.

잠자리의 날개

벌집

벌들이 정육각형을 만드는 이유는 재료를 되도록 아끼겠다는 '경제원칙'을 무의식적으로 터득하게 된 결과일 것이다. 어쨌든 자연 속에 우리를 깜짝 놀라게 하는 기하학적 도형이 나타나는 것을 보면, 그 오묘한 신비 앞에 갈릴레이가 아닐지라도, "우주는 수학이라는 '문자'로 쓰여 있다"라는 감탄사가 저절로 입에 오르기 마련이다.

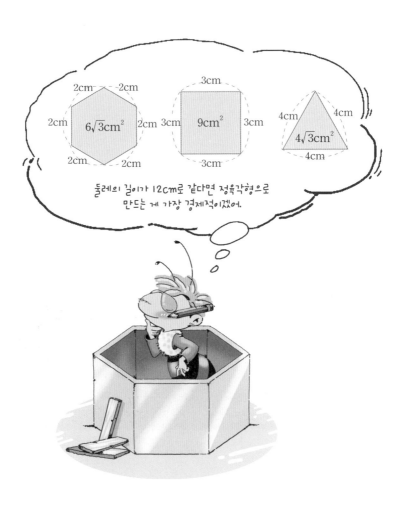

환상적인 다면체의 세계
복잡한 다면체의 이름 짓기

    평면상에 있는 다각형은 삼각형, 오각형, 십이각형 등 그 이름만으로도 이들이 어떤 모습을 하고 있는지 확실히 알 수 있다.

    그러나 다면체의 경우는 그렇게 간단하지 않다. 물론, 사면체가 아래와 같은 특징을 지닌 도형이라는 것을 누구나 알고 있다.

> 모든 면이 삼각형으로 되어 있다.
> 4개의 꼭지점과 6개의 모서리가 있다.
> 볼록(凸)인 도형이다.

    그렇다면, 오면체는 어떤 특징을 지닌 도형일까? 사면체처럼 쉽게 생각할 수는 없다. 그것은 다음 표를 보면 알 수 있듯이 오면체라는 것만으로는 사각뿔과 삼각기둥 중 어느 것인지 분명하지 않기 때문이다.

    이러한 구별을 명확히 하기 위해서는 다른 명칭을 사용해야 한다. 이들 중에서 꼭지점이 5개 있는 사각뿔을 5개의 꼭지점과 5개의 면이 있다는 의미로 '5점5면체', 그리고 꼭지점이 6개인 삼각기둥을

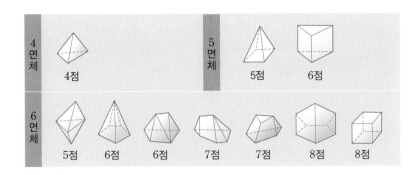

'6점5면체'라고 구별해서 부른다든지 말이다.

그러나 이 방법도 육면체에 대해서는 통하지 않는다. 위의 표에서 알 수 있듯이 육면체에는 7종류가 있고, 그 중에서는 꼭지점이 6개, 7개, 8개인 것이 각각 둘씩 있다. 이것들을 구별하기 위해서는 옆면의 종류를 밝힐 필요가 있다. 가령, '6점6면체'인 경우는 삼각형이 5개와 오각형이 1개인 것과, 삼각형이 4개와 사각형이 2개인 것으로 나누어야 한다.

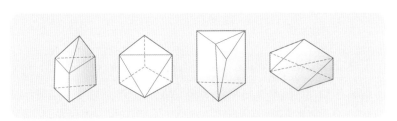

凸칠면체의 보기(모두 7점7면체이고, 삼각형이 4개, 사각형이 3개 있다.)

칠면체가 되면, 그 종류가 30여 가지나 되어 더욱 복잡해진다. 물론 아무리 복잡하다 하더라도 이것들을 구별해서 말할 수는 있다.

그렇다면 다음 그림의 두 팔면체는 어떻게 구별하면 좋을까? 이름

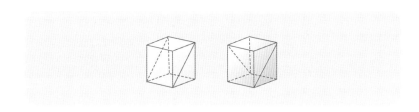

따위는 아무렇게나 붙여도 상관이 없다고 말하는 사람이 있을지 모
르나, 수학에서는 이름이 없는 내용을 다룰 수 없다. 결국, 이쯤 되면
다면체의 구체적인 모습은 상상하기도 어렵게 된다.

그러면 다음의 다면체는 각각 몇 면체일까?

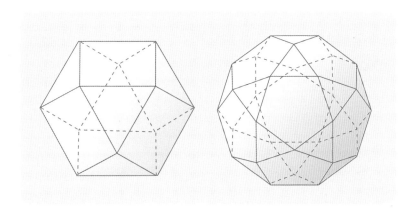

생활 속의 피타고라스 정리

도형을 수의 계산으로 나타내는 것의 실용성

왜 피타고라스 정리가 중요한가?

가로, 세로의 길이가 각각 2m, 1m
인 매트리스 6장을 오른쪽 그림과 같
이 깔았을 때, 이 직사각형꼴의 대각
선의 길이를 어떻게 구하면 좋을까?

여러 가지 방법 가운데 한 가지가

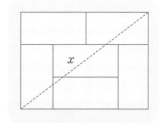

축도(縮圖)를 쓰는 것이다. 가령, 가로 세로의 길이가 4cm, 3cm인
도화지를 써서 모형을 만들어서 그 대각선을 실제로 재어보면
5cm쯤 된다. 따라서, cm 단위를 m로 고쳐서 5m라고 답하면 된다.
이것은 닮음의 원리를 이용한 방법이다.

그러나 이런 때, 피타고라스의 정리를 사용하면 쉽고 정확하게 답
을 구할 수 있다. 즉, 직사각형은 대각선에 의해서 두 개의 직각삼각
형으로 나누어지기 때문에, 대각선의 길이를 $x(\text{m})$라고 하면

$$4^2 + 3^2 (=25) = x^2$$

$$\therefore x = 5$$

또 오른쪽 그림과 같은 무거운 나무 상자가 있을 때, 밑면의 한 모서리 B와 윗면의 한 모서리 C 사이의 길이를 알고 싶으면, 다음과 같은 방법을 쓰게 된다. 즉, $\overline{BC}$의 길이를 구해야 하는데 직접 잴 수가 없기 때문에 $\overline{AB}$와 같은 길이 $\overline{AB'}$로 옮겨서 $\overline{B'C}$를 재는 것이다.

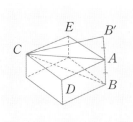

그러나 여기서도 피타고라스 정리를 이용하면 다음과 같이 $\overline{BC}$를 간단히 구할 수 있다.

$$\overline{BC}^2 = \overline{AB}^2 + \overline{AC}^2$$
$$\overline{AC}^2 = \overline{AD}^2 + \overline{CD}^2$$

따라서,

$$\overline{BC}^2 = \overline{AB}^2 + \overline{AD}^2 + \overline{CD}^2$$

여기서, 가령

$$\overline{AB} = 3,\ \overline{AD} = 4,\ \overline{CD} = 5\text{라고 하면,}$$
$$\overline{BC}^2 = 9 + 16 + 25 = 50$$
$$\therefore \overline{BC} = \sqrt{50} \fallingdotseq 7$$

이미 피타고라스 정리를 익히 알고 있는 여러분들로서는 이런 계산쯤은 아무것도 아니다. 그러나 이야기는 이제부터이다. 여기서 지금까지의 설명을 다 돌이켜 생각해보기 바란다. 그러면, 이 정리의 장점은 축도를 만드는 것 등과는 달리 순전히 계산만으로 답을 내는 것이라는 사실을 깨닫게 될 것이다. 요컨대, 피타고라스 정리는 도형의 세계와 수의 세계를 잇는 다리 구실을 하고 있는 것이다.

해석기하학의 창시자 데카르트는, 자신의 제자이기도 한 스웨덴의 여왕에게 보낸 편지에서 이런 말을 하고 있다.

"… 내가 이용한 정리는 닮은 삼각형에 관한 정리와 피타고라스의 정리뿐입니다."

이 말은 도형을 수나 계산과 연관지어 연구하는 해석기하학에서 피타고라스 정리가 얼마나 긴요하게 쓰이고 있는가를 단적으로 표현하고 있다.

수십 가지나 되는 증명이 나올 정도로 피타고라스 정리가 중요시되는 이유 중의 하나가, 도형을 수의 계산으로 나타낼 수 있다는 실용성 바로 그것에 있다.

피타고라스 정리의 응용

피타고라스의 정리는 두 점 사이의 거리를 구하는 데에도 자주 이용된다. 예를 들어, 등산을 할 때 등고선(等高線)과 수평 거리를 알면, 오른쪽 그림과 같이 이 정리를 써서 사면(斜面)의 거리를 구할 수 있다.

고대 이집트인이 실용적으로 자주 쓴 것은 이 정리의 역이다.

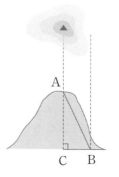

세 변의 길이 사이에 $a^2+b^2=c^2$이라는 관계가 있는
삼각형은 ∠C가 직각인 직각삼각형이 된다.

　옛 사람들은 3, 4, 5 등의 표시를 붙인 밧줄로 직각을 만들었다. 이
것을 업으로 삼는 '직각쟁이'라는 기술자들도 있었다고 한다.
　이러한 경험적인 지식(기술)을 바탕 삼아 얻은 정리가 피타고라스
정리인데, 경험과 그것을 추상해서 세운
정리 사이에는 엄청난 차이가 있다. 정리
는 그 속에 관련된 온갖 경험적인 내용을
빠짐없이 포함하고 있지만, 역으로 경험
적인 지식은 이 정리의 일부를 나타내는
데 지나지 않기 때문이다. '빨강'이라고
하면, 빨간 장미, 빨간 옷, 빨간 사과 …
등이 모두 그 보기가 되지만, 이것들은
'빨강' 그 자체는 아닌 것이다.

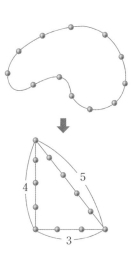

걸리버 여행기 속의 수학
거인국에서 벌어진 기하학적 오류

스위프트(J. Swift, 1667~1745)의 《걸리버 여행기》 하면, 여러분은 금방 '난쟁이 나라'와 '거인 나라' 이야기를 머리에 떠올릴 것이다. 그리고 난쟁이 나라의 1피트가 우리들의 1인치에 해당하고, 거인 나라의 1인치가 우리들의 1피트가 된다는 것을 기억하고 있는 사람도 적지 않을 것이다. 그런데 1피트는 12인치이기 때문에 난쟁이 나라에서는 모든 것이 보통 크기의 12분의 1이고, 반대로 거인 나라에서는 12배가 되는 셈이다.

그 책에서 스위프트는, 우리가 사용하는 여러 가지 양(量)을 이 두 나라에서 사용하는 양의 기준으로 환산하느라고, 또는 그 역의 경우를 셈하느라고 무척 애쓰고 있다.

'걸리버의 식사량은 난쟁이 나라에서는 몇 사람분이 되는가?'

'걸리버의 옷을 만드는 데 이 나라에서는 몇 사람분의 옷감이 필요한가?'

'거인 나라 사과의 무게는 얼마인가?'

스위프트의 계산은 거의가 정확히 맞는다. 예를 들어, 난쟁이들의

신장은 걸리버의 $\dfrac{1}{12}$이기 때문에 몸의 부피는 $\dfrac{1}{1728}$(12×12 $\times 12 = 1728$)이며, 따라서 걸리버의 한 끼 식사는 이 나라 사람 1728 명분이어야 한다.

또 걸리버의 양복을 지을 옷감의 넓이를 계산할 때에는 이렇게 하고 있다. 그의 몸의 표면적은 이 나라 사람의 $12 \times 12 = 144$배이므로 옷감도, 재단사도 144배가 필요하다. 이러한 사실을 염두에 두고 '300명의 재단사가 동원되었다'라고 쓰고 있다. 왜냐하면 일을 빨리 서둘러야 했기 때문에 2배의 인원이 필요했다.

이런 식으로 《걸리버 여행기》의 저자는 매사를 기하학의 법칙대로 치밀한 계산을 하고 있으나, 거인 나라에서는 다음과 같은 실수를 저지르고 있다.

어느 날 궁전에서 일하는 난쟁이(거인 나라의)와 함께 정원으로 나갔다. 내가 어떤 나무 아래를 지나가려고 하자 난쟁이가 나뭇가지 하나를 잡고 내 머리 위에서 흔들어댔다. 그러자 큰 통만큼 큰 사과가 우수수 떨어져서 땅을 요란하게 쳤다. 그중 하나가 등에 맞아 나는 땅에 쓰러졌다.

그러나 걸리버는 무사히 일어날 수 있었다. 실제로 이렇게 큰 사과에 얻어맞았다면 즉사하거나 중상을 입었어야 한다. 보통 사과의 무게가 50g이라고 한다면 1728배는 자그마치 80kg을 웃돈다. 이런 물체가 보통보다도 12배나 높은 곳에서 떨어졌다면, 그 충돌 에너지는 보통의 사과가 떨어질 때 에너지의 20000배를 넘는다. 그야말로 포탄만큼의 에너지가 되었을 것이니까 말이다.

하기야 이러한 계산 착오는 《걸리버 여행기》의 문학성을 해치기는커녕 오히려 애교로 보아 넘길 수도 있는 일이다. 스위프트가 기하학 교과서를 쓰고 있는 것이 아니라는 것은 누구의 눈에도 뻔하기 때문이다. 그렇다면 이런 계산 문제로 트집을 잡는 일은 예술을 이해하지 못하는 '계산쟁이'들의 괜한 심술일까? 그러나 수학하는 사람으로서는 '잘못된 것은 고쳐야 한다'고 혼자 투덜댈 것이 틀림없다.

정사면체와 정사각뿔
대학교수들도 실수한 기하 문제

언젠가 미국의 대학진학 적성검사에 출제된 어떤 수학 문제의 정답을 둘러싸고 논쟁이 벌어진 끝에 출제자인 대학교수들이 17세의 고등학생에게 망신을 당하는 사건이 벌어져 떠들썩했던 일이 있었다. 그 문제의 내용은 다음과 같은 것이었다.

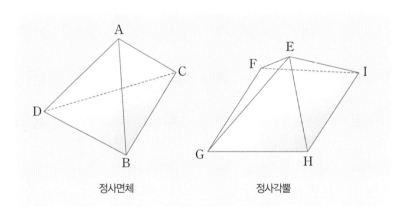

정사면체   정사각뿔

Q 지금 정사면체 ABCD와 정사각뿔 EFGHI가 있다. 이 두 입체의 면은, 정사각뿔의 밑면 GHIF만을 제외하고 모두 합동인 정삼각형이다. 정삼각형 ABC의 각 꼭지점이 각각 정삼각형 EGF의 각 꼭지점과 겹치도록 두 입체를 이어 붙일 때 생기는 입체는 몇 면체인가? 다음 중에서 옳은 것을 골라라.

❶ 5면체   ❷ 6면체   ❸ 7면체   ❹ 8면체   ❺ 9면체

이 문제의 출제자는 이렇게 생각하고 있었다.

"사면체의 면 하나와 오면체의 면 하나를 꼭 겹치도록 이어 붙이는 것이기 때문에, 이 4와 5를 더하여 2를 뺀 $4+5-2=7$이 정답이며, 이 문제는 아주 쉽다."

그러니까 출제자를 비롯하여 자문에 응한 대학교수들도 답은 7면체라고 생각하고 있었던 것이다.

그러나 응시자 중 한 사람이었던 다니엘 로우엔은 다음과 같이 답을 구했다.

"두 개의 정삼각형 ABC, EGF를 이어붙이면, 정삼각형 ABD의 면과 정삼각형 EGH의 면은 동일한 평면 위에서 마름모가 되고, 또, 정삼각형 ACD의 면과 정삼각형 EFI의 면은 역시 동일한 면 위에서 마름모 ADCI가 된다. 그러므로 $7-2=5$에서 오면체가 생긴다."

집에 돌아오자마자 로우엔은, 도형의 모형을 만들어 실험해보았는데, 그의 생각대로 오면체가 생겼다.

그런데 시험의 결과를 보니 7면체가 정답으로 되어 있었다. 혹, 자신의 생각이 잘못되었나 하여 인공위성과 관계된 공장 기사로 있는

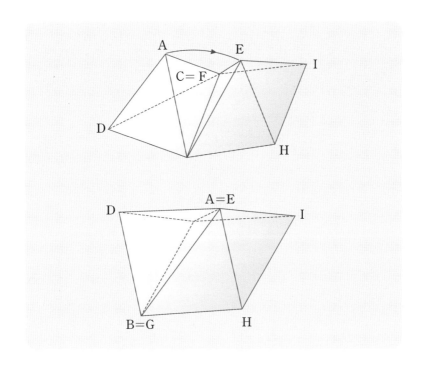

아버지의 도움을 받아 이론적으로 따져보았더니, 로우엔의 예상대로 5면체가 정답이었다. 이들 부자의 항의 소동으로 주최측이 채점을 다시 하는 등 야단법석을 떨었음은 물론이다.

그건 그렇다 치고, 로우엔의 아버지는 어떻게 그것을 증명했을까? 지금 그 내용을 알지 못하는 것은 섭섭한 일이지만, 아쉬운 대로 다음과 같은 증명을 적어놓는다. 여러분들은 이보다 더 멋있는 방법을 생각해낼 수 있으리라 기대한다.

|증명| 아래 그림에서 두 평면 ABC, ABD가 만드는 2면각(面角)과 두 평면 EGF, EGH가 만드는 2면각을 합친 것이 180°가 된다는 것을 증명하면 된다.

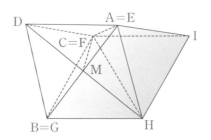

위 그림에서 $\overline{AB}$의 중점을 M이라고 하면, 삼각형 ABC는 정삼각형이기 때문에 $\overline{CM}$과 $\overline{AB}$는 서로 수직이다. 또, 삼각형 ABD는 정삼각형이기 때문에, $\overline{DM}$과 AB도 수직이다.

따라서, 두 평면 ABC, ABD가 만드는 2면각은 ∠CMD와 같다. 마찬가지로 두 평면 EGF, EGH가 만드는 2면각은 ∠FMH와 같다.

여기서 처음의 정사면체의 한 변의 길이, 그러니까 정사면체의 밑변의 길이, 옆면 정삼각형의 한 변의 길이가 모두 1이라고 가정하자. 이때, CM은 한 변의 길이가 1인 정삼각형의 한 꼭지점으로부터 마주보는 변에 내린 수선의 길이이므로,

$$\overline{CM} = \frac{\sqrt{3}}{2} \ (\text{그림}❶)$$

이다.

따라서 삼각형 MCD는 그림 ❷처럼 밑변의 길이가 1, 다른 두 변의 길이가 $\frac{\sqrt{3}}{2}$인 이등변삼각형이다.

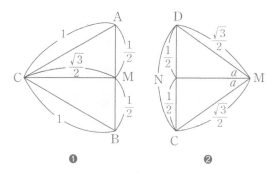

❶　　　　　　❷

여기서 CD의 중점을 N이라고 하면,

$$\overline{MN}=\sqrt{\left(\frac{\sqrt{3}}{2}\right)^2-\left(\frac{1}{2}\right)^2}=\frac{1}{\sqrt{2}}$$

이기 때문에, $\angle CMD=2a$라고 놓으면,

$$tan\ a=\frac{\frac{1}{2}}{\frac{1}{\sqrt{2}}}=\frac{1}{\sqrt{2}}$$

이다.

한편, 삼각형 MFH의 밑변 FH는 한 변의 길이가 1인 정사각형의 대

각선(그림 ❸)이기 때문에

$$\overline{FH}=\sqrt{2}$$

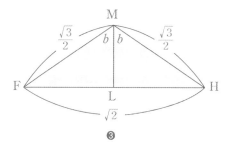

❸

또, 변 MF와 MH는 둘다 한 변의 길이가 1인 정삼각형의 높이이기 때문에,

$$\overline{MF} = \overline{MH} = \frac{\sqrt{3}}{2}$$

이다. 따라서, 변 FH의 중점을 L이라고 한다면,

$$\overline{ML} = \sqrt{\left(\frac{\sqrt{3}}{2}\right)^2 - \left(\frac{\sqrt{2}}{2}\right)^2} = \frac{1}{2}$$

그러므로,

$$\angle FMH = 2b$$

라고 놓으면,

$$tan\, b = \frac{\frac{\sqrt{2}}{2}}{\frac{1}{2}} = \sqrt{2}$$

따라서, $tan\, a$와 $tan\, b$는 역수관계이므로,

$$a + b = 90°$$

$$\therefore 2a + 2b = 180°$$

즉,

$$\angle CMD + \angle FMH = 180°$$

이다.

그런데 다음 그림과 같이, 직각을 낀 두 변의 길이가 각각 1, $\sqrt{2}$인 직각삼각형을 그리면, 그 빗변의 길이는

$$\sqrt{1^2 + (\sqrt{2})^2} = \sqrt{3}$$

이기 때문에, 빗변의 중점과 세 꼭지점을 잇는 선분의 길이는 모두 $\frac{\sqrt{3}}{2}$이 된다.(그림 ❹)

다음 그림에서는, 밑변의 길이가 1이고 같은 길이의 두 변이 $\frac{\sqrt{3}}{2}$인 이

등변삼각형의 꼭지각과, 밑변의 길이가 $\sqrt{2}$, 길이가 같은 변이 $\frac{\sqrt{3}}{2}$인

이등변삼각형의 꼭지각을 더한 것이 180°임을 말해주고 있다.

이것으로 로우엔이 직감적으로 느낀 것이 옳았다는 것을 알 수 있다!

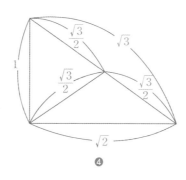

❹

　단테의 《신곡(神曲)》 중의 연옥(煉獄) 입구에는 "온갖 희망을 버려

라!"라는 경고의 글이 적혀 있다. 만일 '수학의 문'에 내걸 금언이 있

다면, 그것은 "온갖 상식을 버려라"라는 글이어야 할 것이다. 이 경구

를 망각했기 때문에 쟁쟁한 수학 교수들이 17세의 어린 학생에게 수

모를 당하는 꼴이 된 것이다. 수학의 세계에서는 이 비정하리만큼

엄한 철칙을 지키지 못한 사람은 모두 낙오자가 된다는 것을 명심해

야 한다.

화장실에서 생긴 기하학
가케야의 문제

길이가 1인 선분을 평면상에서 1회전 시킬 때, 이 선분이 만든 도형(영역) 중에서 넓이가 가장 작은 것은 어떤 도형인가? 또, 그 넓이는 얼마인가?

이 문제는 얼핏 별것도 아닌 것 같이 보인다. 그러나, 이것은 1917년 일본인 수학자 가케야(掛谷宗一)가 제출한 지 11년 후인 1928년에야 소련의 수학자 베시코비치에 의해 비로소 해결된, 국제적으로 유명한 문제이다.

이 문제가 그토록 유명해진 이유 중 하나는, 보통 상식과는 달리 의외의 결과가 나온다는 점에도 있는 것 같다.

자 그러면, 실제로 길이가 1(임의로 그렇게 잡아본다)인 연필을 회전시켰을 때 어떤 도형들이 생기는지 알아보자.

먼저, 이 선분(연필)의 한 끝을 고정시키고 회전시켜 보면, 이것이 그리는 도형의 넓이 S_1은

$$S_1 = \pi \times 1^2 \fallingdotseq 3.14 \ \cdots\cdots \ 그림 \ ❶$$

또, 이 선분(연필)의 중점을 중심으로 하여 회전시키면, 반지름이 $\frac{1}{2}$이 되어 선분이 그리는 넓이는 훨씬 작아진다. 이 넓이를 S_2로 하면,

$$S_2 = \pi \cdot \left(\frac{1}{2}\right)^2 = \frac{1}{4}\pi = \frac{1}{4} \cdot S_1 = 0.785 \ (< S_1) \ \cdots\cdots \ \text{그림 ❷}$$

즉, S_2의 넓이는 S_1 넓이의 $\frac{1}{4}$이 된다.

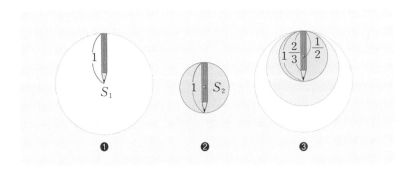

만일 '선분(연필)상의 어떤 한 점을 중심으로 하여 이 선분을 1회 전시킨다'라는 조건을 붙인다면, 이 S_2가 최소의 넓이를 갖는 도형이 라는 것은 명백하다.(그림 ❸ 참조)

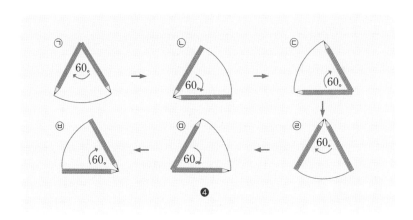

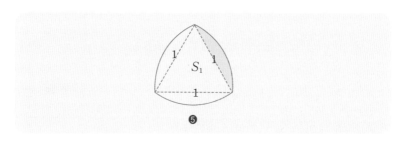

⑤

이번에는 이러한 조건이 없다고 하여, 다음 그림 **④** ㉠~㉫과 같이 이 선분을 1회전시켜 보면, 선분이 지나간 도형은 그림 **⑤**와 같이 된다.

이 도형의 넓이를 S_3이라고 하면, S_3은 그림 **⑤**의 색칠한 부분의 3배와 한 변의 길이가 1인 정삼각형의 넓이의 합이기 때문에,

$$S_3 = \left(\frac{1}{6}\pi \cdot 1^1 - \frac{1}{2} \times 1 \times \frac{\sqrt{3}}{2} \right) \times 3 + \frac{1}{2} \times \frac{\sqrt{3}}{2}$$

$$= \frac{1}{2}(\pi - \sqrt{3})$$

$$\fallingdotseq 0.704 (< S_2)$$

따라서, S_3은 S_2의 원보다도 넓이가 작다. 그림 **⑤**의 도형은 소위 '룰로의 삼각형(Rouleau's triangle)'이라고 불리는 것으로, 처음에 '가케야 문제'가 발표될 당시에는 이 '룰로의 삼각형'이 이 문제의 해답일 것이라고 많은 사람들이 예측하였다. 그러나, 이 짐작은 빗나가고 말았다.

다음 그림 **⑥**은, 지름이 $\frac{3}{2}$인 원에 내접하는 지름 $\frac{1}{2}$인 원을 미끄러지지 않도록 회전시켰을 때, 처음에 큰 원의 점 A와 일치하고 있었던 작은 원(=원둘레) 내의 고정된 한 점 P가 그리는 자취이다. 이

것을 '원 사이클로이드'라고 부른다. 길이가 1인 선분이 이 도형(원 사이클로이드) 내에서 도형의 가장자리에 접하면서 1회전할 수 있다는 것은 그림 ❼을 보면 쉽게 알 수 있다.

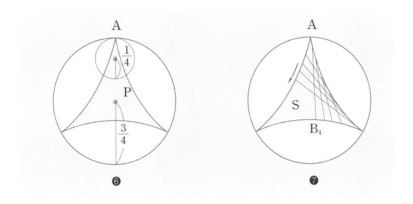

❻　　　　　　❼

이 원 사이클로이드의 넓이 S_4를 적분법을 이용해서 계산해보면,

$$S_4 = \frac{\pi}{8} \fallingdotseq 0.3925 \; (<S_3)$$

와 같이 되어 아까의 S_3보다 더 작아진다.

그렇다면, 이러한 도형의 넓이가 얼마나 작아질 수 있는가? 결론을 말한다면,

"'가케야 문제'의 해가 되는 도형 중에는 넓이가 얼마든지 작아질 수 있는 것이 무수히 많다!"

이 '가케야 문제'를 보고 여러분은 어떤 사실에 마음이 끌렸을까? 그건 어쨌든, 다음만은 마음에 새겨둘 필요가 있을 것 같다.

첫째, 수학(일반적으로 자연과학)이란 뜻밖의 진실을 찾아내는 학문이라는 것.

둘째, 수학에서는 좋은 문제를 내는 것이 그것을 푸는 일보다도 중요시된다는 것. 따라서 그것은 그만큼 더 가치가 있으며, 또 물론 힘들다는 것. 가케야 교수는 문제만을 제시하였지 그 해를 내놓지 않았다!

셋째로, 수학에서 중요한 문제의 착상이 의외로 비근한 예를 바탕 삼고 있다는 것. 실제로, 가케야 교수가 이 문제를 생각하게 된 동기는 "옛날 일본 무사는 언제 어디서 적의 습격을 받을지 모른다는 경계심으로, 뒷간(화장실)까지 창을 들고 가서 만일의 경우에는 그 창을 좁은 공간 내에서 휘둘러야 했는데…" 하며 그때의 상황을 상상한 데서 비롯되었다고 한다.

길이가 1인 막대를 얼마든지 작은 도형 속에서 360° 회전시킬 수 있다.

먼저 90° 회전시키는 일부터 생각해보자.

다음 그림 ❶과 같이 하면, 직각이등변삼각형 속에서 90° 회전시킬 수 있다.

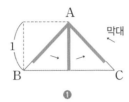

❶

이번에는 ❶의 직각이등변삼각형 ABC의 변 BC를 2^n등분하여 그 각 분점과 꼭지점 A를 맺으면 2^n개의 삼각형이 생긴다. 이 2^n개의 삼각형을 중앙에 모아놓은 도형 S_n의 넓이는 n을 크게 할수록 얼마든지 작아질 수가 있다. (직관력의 발휘!)

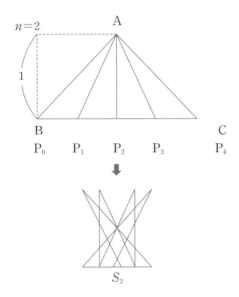

왼쪽 삼각형부터 차례로

$$\triangle AP_3P_4, \quad \triangle AP_2P_3, \quad \triangle AP_1P_2, \quad \triangle AP_0P_1$$

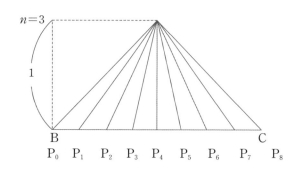

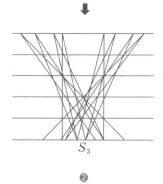

❷

왼쪽 삼각형부터 차례로

$$\triangle AP_8P_7, \ \triangle AP_6P_7, \ \triangle AP_5P_6, \ \triangle AP_4P_5$$
$$\triangle AP_3P_4, \ \triangle AP_2P_3, \ \triangle AP_1P_2, \ \triangle AP_0P_1$$

그러나, 이 도형(그림❷의 아랫부분) 내에서는 막대를 90°회전시킬 수는 없다. 여기서, 막대가 이 도형(S_n) 바깥에 조금(아무리 작아도 된다) 비어져 나와도 되는 것으로 한다면, S_n의 넓이를 약간 늘린 도형 내에서는 90° 회전이 가능해진다. (기막힌 머리회전!) 그 방법은 다음과 같이 하면 된다. 즉, 아직 S_n을 만들기 전의 상태에서 삼각형 ABC 내의 서로 이웃하는 삼각형에서 다음 그림❸과 같이 막대를 차례로 이동시키고, 이 이동에 필요한 부분을 S_n에 덧붙이면 된다.

이 과정을 거듭 되풀이하면, 넓이가 얼마든지 작은 도형 내에서 길이가 1인 막대를 90° 회전시키는 일이 가능해진다.

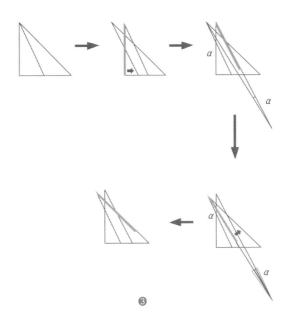

❸

막대를 360° 회전시키기 위해서는 그림 ❹와 같이 평행인 변끼리를 서로 뒤엎어서 이동시키면 된다.

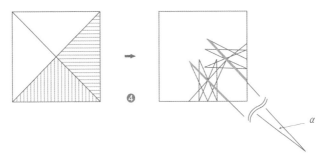

❹

위의 사실을 현실적인 것에 비유해서 말한다면, 유리가 깨져서 그 조각들이 흩어져 있는 모양과 같다. 또한 좁은 장소에서 차를 돌릴 때 전후좌우로 조금씩 움직여 나가는 것과 같은 발상이다.

경상(鏡像)의 원리
거울의 원리를 이용한 계산법

불가사의한 거울의 구조

거울에 비친 자신의 모습을 보면 왼팔에 찬 시계가 오른팔에 걸려 있다. 또 웃옷의 왼쪽 가슴에 있는 주머니가 오른쪽 가슴에 달려 있고…. 즉, 거울 속에서는 좌우가 거꾸로 되어 있다. 그런데 더 이상한 것은, 좌우는 거꾸로이지만 위아래는 그대로라는 점이다. 여기에 주목하여 왜 그럴까 하는 의문을 갖는 사람은 탐구 의욕이 풍부하다고 칭찬받을 만하다.

거울에 비친 모습은 좌우가 바뀔 뿐 왜 위아래는 바뀌지 않을까? 눈이 옆으로 붙어 있기 때문이라고? 그건 엉터리 이야기이다. 한 눈을 감고 거울을 보아도 마찬가지로 좌우만 바뀐다.

사람은 거울 속의 자신을 볼 때, 모습이 거울의 뒷면으로 돌아가서 나타난 것으로 으레 착각을 한다. 시적인 표현을 쓰면, 모름지기 거울의 세계에 들어가서 잃어버린 자신의 경상(鏡像)과 일체화하려고 하기 때문이다. 만일 무중력 상태에서 위에서부터 거울의 뒷면에 다이빙하면, 이때는 위아래가 뒤집힌다.

사실은 거울에 비친 상(像)의 좌우가 뒤바뀌는 것이 아니라 앞뒤가 뒤집히는 데에 지나지 않는다. 그래서 실상(實像)의 좌측이 거울의 우측에 비치는 것이다. 만일 우리의 머리 뒤에도 눈이 붙어 있다고 한다면 — 즉, 전후성이 없다면 — 그런 생물의 눈에는 왼손이 여전히 왼손으로 보일 것이다.

　인간을 포함한 동물들이 지닌 좌우의 감각은, 일반적으로 상하와 전후가 정해진 다음에 생긴다고 한다. 동물은 먼저 중력의 방향을 판가름하기 위해서 위아래를 지각하게 되었고, 이어서 먹이를 뒤쫓기 위해서 입이 있는 얼굴의 방향과 그렇지 않은 방향을 구별하는 전후성을 갖추게 되었다. 그 다음에 생긴 것이 둘 중에서 한쪽을 구별하는 좌우 감각인 것이다.

　그러나 상하성이 머리와 다리, 전후성이 입과 꼬리 등으로 형태상으로도 뚜렷이 분리되어 있는 것에 비해, 좌우의 구별은 아직 충분히 이루어지지 않은 것 같다. 좌우성은 이미 우뇌와 좌뇌의 구별이나 심장의 위치 등과 같이 형태상 명확한 차이가 나타나 있는데도 불구하고 우리는 그것을 명확하게 정의하지 못하고 있다.

　일상 생활에서 좌우의 구별이 애매한 예로는 도로 통행 규칙을 들 수 있다. 전에는 우리나라에서 유럽식(영국

상하만 있는 불가사리와 전후만 있는 지렁이

식) 좌측 통행이 실시되었다. 이것은 왼쪽에 찬 칼을 함부로 빼들지 못하게 하기 위해서였다고 한다. 그러던 것이, 해방 후에는 오른쪽에 꽂은 권총의 기습을 막기 위해서 실시된 미국식의 우측 통행으로 바뀌었다가, 그 뒤에도 몇 번 엎치락뒤치락하였다. 사람의 통행은 간단히 우측으로 바꿀 수 있지만, 철도나 자동차의 통행 제도를 바꾸려면 막대한 비용이 드는 점이 이 혼란의 중요한 이유라는 말도 있다.

그렇다면 좌우의 절대적인 정의는 전혀 가망이 없는가 하면 그렇지 않다. 1956년에 컬럼비아 대학의 중국계 물리학 교수 우젠슝은 코발트60의 붕괴 실험을 통해 "자연계는 완전히 좌우 대칭이 아니고 약간 왼손잡이다"라는 사실을 발견하였다. 코발트60의 원자핵을 약한 상호작용 아래서 붕괴시켜 보면, 거기서 튀어나오는 전자(電子)

의 개수는 남극단(南極端) 쪽이 북극단 쪽보다 많았던 것이다. 이 결과를 이용하면, 좌우의 엄밀한 정의를 다음과 같이 내릴 수 있다.

"코발트60의 원자핵으로부터 보다 많은 전자가 나오는 쪽을 '왼쪽'으로 정하면 되는 것이다."

하기야 생물의 좌우성이나 상하성은 이미 알 단계에서부터 존재하며, 이것을 생물학자들은 '극성(極性)'이라고 부르고 있다.

사람에게는 왼손잡이, 오른손잡이라는 것이 있지만, 이것은 손과 손가락에만 국한된 순전히 기능상의 차이이며 형태상으로는 차이가 없다. 얼굴의 표정에 관해서는 기본적인 감정을 나타내는 것, 예를 들어 희노애락(喜怒哀樂)은 좌우 대칭꼴로 나타나지만, 억지웃음, 수줍음, 윙크 등은 좌우 비대칭(左右非對稱)의 꼴로 나타난다는 점이 재미있다.

경상(鏡像)의 원리를 이용한 문제1

거울의 구조를 이용하면 간단히 풀 수 있는 문제가 많이 있다. 한 가지 예를 들어보자.

그림과 같은 위치에 목장과 축사, 그리고 강이 있다고 하자. 축사에서 소를 끌어내어 냇가에서 물을 먹인 다음, 목장으로 데리고 가기 위해서는, 어떤 경로를 밟는 것이 가장 지름길이 되는가?

이미 힌트를 주었기 때문에 간단할 것이다. 즉, 다음 그림과 같이 냇가를 거울이라고 생각하고 점 A(목장)와 점 B'(축사 B의 거울 속의 위치)를 이으면, 화살표로 나타낸 부분이 다른 어떤 길보다도 가깝다는 것을 알 수 있다.

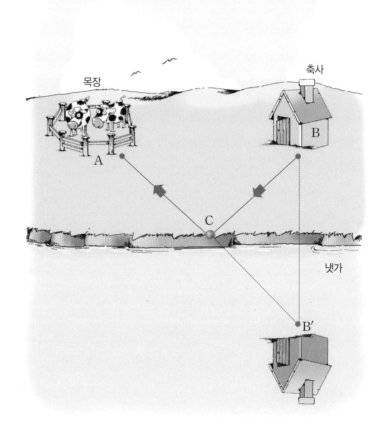

목장

축사

B

A

C

냇가

B'

  그러나 소가 물을 마신 후 빨리 걷는다면 물가의 C 점은 B쪽에 더 가까이, 그 역이면 C를 A쪽에 가깝게 잡는 것이 좋다. 마치 빛의 굴절 문제처럼 말이다. 빛이 B에서 A로 향할 때, A쪽에서는 빨리 가고 B쪽에서는 느리게 간다. 이와 같이 거울에 비친 모습을 이용하여 대칭 도형의 문제를 생각하는 것을 '경상(鏡像)의 문제'라고 한다.

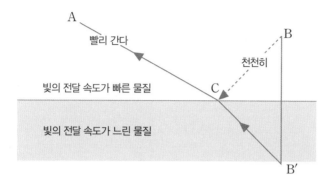

빛의 전달 속도가 빠른 물질

빛의 전달 속도가 느린 물질

경상(鏡像)의 원리를 이용한 문제2

경상의 원리를 이용하면 나무의 높이를 잴 수도 있다. 다만, 이 원리를 이용하기 위해서는 나무가 서 있는 곳이 평지여야 한다는 조건이 붙는다.

나무에서 조금 떨어진 지점 C에 거울을 수평으로 놓고, 거울 속에서 나무꼭대기를 볼 수 있는 위치 D까지 물러선다. 이때 나무의 높이 AB와 사람의 신장 ED의 비는, 거울에서부터 나무까지의 거리 BC와 거울에서부터 사람이 서 있는 곳까지의 거리 CD의 비와 같아진다. 즉,

$$\overline{AB} : \overline{ED} = \overline{BC} : \overline{CD}$$

이다. 그 이유는 다음과 같다.

나무의 꼭대기 A는 거울 속의 점 A′로 옮겨진다. 따라서,

$$\overline{AB} = \overline{A'B}$$

그런데 △BCA′와 △DCE는 닮았기 때문에

$$\overline{A'B} : \overline{ED} = \overline{BC} : \overline{CD}$$

$\overline{AB} = \overline{A'B}$이기 때문에

$$\overline{AB} : \overline{ED} = \overline{BC} : \overline{CD}$$

$$\overline{AB} = \overline{BC} \times \frac{\overline{ED}}{\overline{CD}}$$

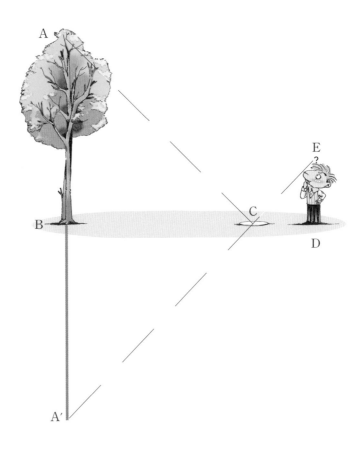

요컨대 나무의 높이는 다음과 같이 나타낼 수 있다.

(나무에서 거울이 있는 곳까지의 거리) ×
(사람의 신장과 거울에서부터 사람이 있는 곳까지의 거리의 비의 값)

이 방법은 어떤 날씨에도 사용할 수 있는 아주 간편한 방법이지만, 평지에 서 있는 나무에 대해서만 이용할 수 있다는 결점이 있다.

여기서 우리가 곰곰이 생각해봐야 할 일이 있다. 이렇게 쓸모가 많은 '경상의 원리'는, 무엇이든 궁금증을 기어이 풀어야만 직성이 풀리는 인간의 위대한 호기심의 산물이라는 사실 말이다. 우리는 보통 매사를 꼼꼼히 따지는 사람을 꽁생원이라는 말로 비아냥거린다. 그리고 대강대강, 그럭저럭 보아 넘기고 또 그렇게 행동하는 사람을 법이 없어도 살 수 있는 좋은 사람으로 여긴다. 이러한 심성이 거울 속의 모습에서 비롯된 좌우의 문제에 대해서도 똑같이 적용되어 "뭐, 오른쪽이니 왼쪽이니 어렵게 따지지 않더라도 실제로 구별할 줄 알면 그만 아닌가!"라고, 그만 대강대강 보아 넘겨버렸다면 어떻게 되었을까? '과학(수학) 하는 마음'은, 당장의 쓰임새가 있건 말건, 궁금한 대목이 있으면 결코 그냥 넘어가지 않는 '꼼꼼한 앎(知)'의 자세에서 태어나는 것이다.

황금분할
아름다움을 표현하는 비례식

예술 속의 황금분할

황금분할은 아주 먼 옛날, 그러니까 B.C. 4700년에 건설된 이집트의 피라미드에 이미 쓰이고 있었다. 수학에 관한 문서(파피루스)의 작성자로 유명한 아메스는 이것을 다음과 같이 말하고 있다.

"신성한 비(比)인 '섹트(sect)'가 우리 피라미드의 비로 쓰여지고 있다."

그런데 '황금분할' 또는 '황금비율'이라는 명칭은 그리스의 수학자 에우독소스가 붙인 것이라고 한다. 한마디 덧붙인다면, 황금비율을 나타내는 기호

$$\phi(\text{파이})$$

는 이 비(比)를 조각에 이용했던 피디아스(Phdias)의 그리스어인 머리글자에서 따낸 것이다. 그리스인은 이 황금비율에 흠뻑 빠져서 도기류나 의복의 장식, 회화 그리고 건축 등에 즐겨 응용하였다.

중세에 황금율은 더욱 신성시되었으며, 시인 단테는 황금비율을

"신이 만든 자연의 예술품"이라고까지 말했다.

수학적으로 황금비율 ϕ는 그 역수 $\dfrac{1}{\phi}$이 그 자신(ϕ)으로부터 1을 뺀 것과 같은 수라는, 즉,

$$\frac{1}{\phi}=\phi-1$$

이라는 성질을 가지고 있다.

이 식의 양변에 ϕ를 곱하면,

$$\phi^2-\phi-1=0$$

따라서,

$$\phi=\frac{1\pm\sqrt{1+4}}{2}=\frac{1\pm\sqrt{5}}{2}$$

이 중, 양의 값을 셈해보면 다음과 같다.

$$\phi=\frac{1+\sqrt{5}}{2}=1.61803398\cdots$$

황금비율을 이용한 다빈치의 그림과
파르테논 신전

다음과 같이 주어진 선분 AC를 $\phi:1$
이 되도록 $\overline{AB}$와 $\overline{BC}$로 나누면, $\overline{AC}$와 $\overline{AB}$의 비도 $\phi:1$이 된다.

$$\frac{\text{큰 선분(AB)의 길이}}{\text{작은 선분(BC)의 길이}}=\frac{\text{전체의 길이}}{\text{큰 선분(AB)의 길이}}$$

즉,

$$\phi = \frac{\overline{AB}}{\overline{BC}} = \frac{\overline{AC}}{\overline{AB}}$$

이다.

이 황금분할의 작도는 다음 그림 ❶과 같이 한다. 즉, 선분 AC의 끝점 C에서 $\overline{AC}$와 수직인 선분을 긋고,

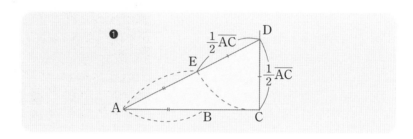

$$\overline{CD} = \frac{1}{2}\overline{AC}$$

인 점 D를 취한다. 그리고 A, D를 잇고

$$\overline{DE} = \frac{1}{2}\overline{AC}$$

인 점 E를 선분 AD 위에 잡고, $\overline{AE} = \overline{AB}$인 점 B를 $\overline{AC}$ 위에 취하면 B가 $\overline{AC}$를 황금분할하는 점, 즉

$$\frac{\overline{AB}}{\overline{BC}} = \frac{\overline{AC}}{\overline{AB}} = \phi$$

가 된다.

> * $\overline{AC}$를 1로 놓으면, $\overline{AD} = \frac{\sqrt{5}}{2}$
>
> 이므로
>
> $\overline{AB} = \frac{\sqrt{5}-1}{2}$
>
> $\therefore \frac{\overline{AC}}{\overline{AB}} = \frac{2}{\sqrt{5}-1} = \frac{\sqrt{5}+1}{2} = \phi$

또, 그림 ❷와 같이 원에 내접하는 정오각형을 만들면,

$$\frac{\overline{AB}}{\overline{BC}} = \frac{\overline{AC}}{\overline{AB}} , \ \frac{\overline{AC}}{\overline{CD}} = \frac{\overline{AD}}{\overline{AC}}$$

등은 모두 황금분할이 되어 있다.

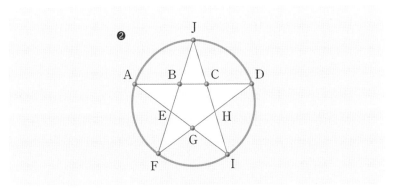

원에 내접하는 정오각형

자연계에는 황금분할이 얼마든지 있다.(그림 ❸)

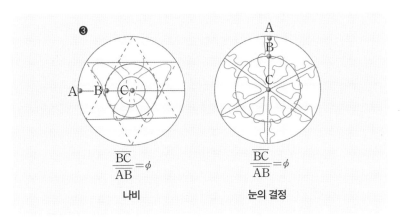

$$\frac{\overline{BC}}{\overline{AB}} = \phi$$

나비

$$\frac{\overline{BC}}{\overline{AB}} = \phi$$

눈의 결정

그림 ❹와 같이, '세로 대 가로' 또는 '가로 대 세로'의 변의 비가 ϕ(≒1.6)인 직사각형을 '황금직사각형'이라고 부른다.

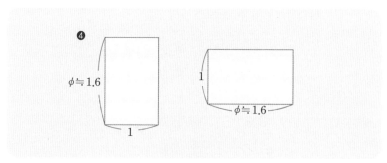

황금직사각형

그러니까 하나의 황금직사각형으로부터 정사각형 ABEF(그림 ❺) 를 잘라내면, 그 나머지로 된 직사각형 DFEC도 거의 다시 황금직 사각형이 된다.

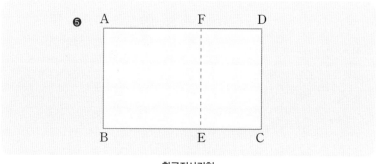

황금직사각형

피라미드 속에 간직된 황금비

앞에서 이야기한 바와 같이 황금비란 다음과 같은 비를 말한다.

$$1 : \frac{1+\sqrt{5}}{2} ≒ 1 : 1.618 ≒ 5 : 8$$

다음 그림을 보면 알 수 있는 바와 같이, 이집트의 피라미드는 밑

변인 정사각형의 각 변으로부터 중심에 이르는 거리(OM)와 능선 (稜線, PM)의 길이의 비가 놀랍게도

$$1 : 1.616$$

으로 되어 있다. 피라미드가 만들어진 시기가 자그마치 B.C. 2500년 이상 전의 일이기 때문에 한 마디로 경이(驚異)라고 할 수밖에 없다.

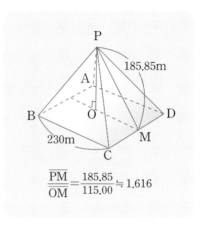

$$\overline{\mathrm{PM}} \over \overline{\mathrm{OM}}} = {185.85 \over 115.00} ≒ 1.616$$

인간이 황금비를 미(美)의 기준으로 정했는지, 자연계의 황금비가 인간을 그토록 매료하였는지 알 수 없지만, 아무튼 황금비가 인간의 마음에 어떤 조화를 느끼게 하는 숫자인 것만은 틀림이 없다.

피보나치수와 황금분할

처음에 1 두 개를 가지런히 놓고, 그 합 2를 오른쪽에 쓴다. 그다음에는 같은 요령으로, 1과 2의 합 3, 2와 3의 합 5, …와 같이 바로 왼 의 두 수의 합을 오른쪽에 써 나간다. 이렇게 해서 만들어지는 수(열)를 '피보나치수(열)'라고 부른다. 1 1 2 3 5 8 13 21 34 55 89 144 233… 이 수열은 피보나치(Fibonascci, 1180~1250)가 쓴 《수판의 책》이라는 유명한 수학책에 실린 다음과 같은 문제에서 비롯된 것이다.

"매월 한 쌍의 토끼가 한 쌍의 토끼를 낳고, 태어난 한 쌍의 토끼

는 다음 달부터 한 쌍의 토끼를 낳기 시작한다면, 처음 한 쌍의 토끼
로부터 시작하여 1년 안에 합계 몇 쌍의 토끼가 태어날까?"

문제의 해는 접어두고, 이 피보나치수의 이웃한 두 수의 비는

$$\frac{1}{1}=1, \ \frac{2}{1}=2, \ \frac{3}{2}=1.5, \ \frac{5}{3}=1.666\cdots$$

$$\frac{8}{5}=1.6, \ \frac{13}{8}=1.625, \ \frac{21}{13}=1.615\cdots$$

와 같이 점점 어떤 일정한 수에 접근해간다.

이 값은, 실은 2차방정식 $x^2-x-1=0$의 해,

$$x=\frac{1+\sqrt{5}}{2}=1.61803\cdots$$

임을 증명할 수 있다.

식물의 잎이나 가지는 줄기 둘레를 돌면서 그 길이의 $\frac{1}{2}$, $\frac{2}{3}$, $\frac{3}{5}$, $\frac{5}{8}$ …로, 그러니까 피보나치수에서 서로 이웃한 수의 비로 나타난다.

이러한 현상을 보면 인간의 보잘것없는 머리로는 도저히 헤아릴 수 없는 자연의 신비 앞에서 저절로 고개를 숙일 수밖에 없다.

피보나치수열을 보여주는 해바라기

황금분할은 정말 미의 정수인가?

여기서 다시 정오각형 속에 숨은 황금비에 대해서 생각해보자. 다음 그림의 정오각형에서 $\overline{AB}$와 $\overline{EC}$, $\overline{AE}$와 $\overline{BD}$, $\overline{BE}$와 $\overline{CD}$는 각각 평행하기 때문에 두 삼각형 ABE와 FCD는 닮은꼴이며,

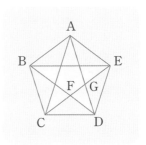

$$\frac{\overline{BE}}{\overline{AB}}=\frac{\overline{CD}}{\overline{FC}}$$

가 된다.

여기서 정오각형의 한 변의 길이 $\overline{AB}$, $\overline{CD}$를 1, 대각선의 길이 $\overline{BE}$는 x라고 하자. $\overline{FC}$의 길이는

$$\overline{FC}=\overline{CE}-\overline{FE}$$

이지만, $\overline{CE}$의 길이는 대각선이기 때문에 x이고, $\overline{FE}$의 길이는 사각형 ABFE가 마름모이기 때문에 1이다. 따라서 $\overline{FC}$의 길이는 $x-1$이다. 그러므로,

$$\frac{x}{1}=\frac{1}{x-1}$$

즉,

$$x^2-x-1=0$$

그러니까 황금비는 피보나치수 x와 일치한다는 것을 알 수 있다. $\overline{FE}$ 대 $\overline{FC}$도 황금비, 즉 피보나치수가 된다.

정오각형의 대각선을 계속 잡아가도 그때마다 황금비가 나타난다. 말하자면, 정오각형은 황금분할의 덩

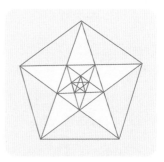

정오각형은 황금비의 무한의 보고!

어리라고 할 수 있다. 정오각형의 이러한 황금분할과 피보나치수가 밀접한 관계가 있다는 것은 그야말로 신비하다고 할 수밖에 없다.

이 놀라운 수리(數理)의 세계를 '아름답다'고 표현한 15세기의 이탈리아가 낳은 수학자 파치올리는 황금분할을 다음과 같이 칭송하고 있지만, 이것은 결코 과장이 아니다.

…그 두 번째의 본질적인 효용…, 그 세 번째의 놀라운 효용…, 그 네 번째의 뭐라 형용할 수 없는 효용…, …그 열 번째의 최대의 효용

…, 그 열한 번째의 가장 뛰어난 효용…, 그 열두 번째의 거의 상상
할 수 없는 효용….

마지막으로 한마디다.

정말 황금분할은 미의 정수(精髓)일까? 우리 주변에서 흔히 볼 수
있는 것 중에서 황금분할에 가까운 것으로는 '명함'을 들 수 있지만,
과연 명함은 '미'를 지니고 있다고 말할 수 있을까? 황금분할이라고
하는 바에는 어쨌든 아름다워야 한다. 그런데 "이런 게 뭐 아름답다
고 할 수 있을까?" 하고 짓궂게 누가 따져 묻는다면, 얼른 대답하기
가 어렵다. 실제로 이에 대한 설명은 별로 신통치 않다. 물론, 옛
조상들이 '미'를 과학적으로 규명하면서 도형을 분석한 끝에 황금비
를 만나, 그 '수리의 미'에 도취하여 마침내 이것이야말로 미의 정체
라고 믿게 되었으리라고는 충분히 짐작할 수 있지만. 그러니까 황금
분할이라는 미의 밸런스(균형관계)가 정말로 아름다운지 어떤지는
접어두고, 그 훌륭한 수리(數理)는 정말 아름답다고 할 만하다.

요컨대 그리스인들이 이 '수리의 미'에 도취한 나머지 황금분할은
미를 나타낸다고 규정한 것을 후세 사람들이 곧이곧대로 믿어온 것
이 아닌가 하는 의문도 그런대로 이치가 있을 법한데, 독자 여러분
은 어떻게 생각하는지?

일상 속의 수학공식
미궁에서 빠져나온 수학 이야기

오일러의 표수

"길이가 10m인 도로가에 1m 간격으로 가로수를 심으려 한다. 몇 그루의 나무가 필요할까?"

길의 양 끝에도 나무를 심는다면, 모두 11그루가 필요하다. 나무와 나무 사이의 수는 10이기 때문에 이것에 1을 더하면 되는 것이다.

1m

그림 ❶

이번에는, 둘레의 길이가 10m인 연못 둘레에 만들어진 산책 도로에 나무를 심는 경우를 생각해 보자. 이때에는 그림 ❷를 보면 알 수 있듯이, 나무의 수는 나무와 나무 사이의 수와 같으므로 가로수는 10그루면 된다.

그렇다면 다음 경우는 어떨까? 그림 ❸과 같이, 둘레의 길이가 각각 5m씩인 두 연못이 한 점에서 접하고 있다. 이 접점에 나무 한 그

그림 ❷

루를 심고, 1m 간격으로 나무를 심어간다. 이때 몇 그루의 나무가
필요한가라는 문제이다. 이번에는 9그루의 나무가 있으면 된다. 즉,
나무와 나무 사이의 수로부터 1을 뺀 수가 그것이다.

그림 ❸

　그림 ❶, ❷, ❸을 한눈에 알아볼 수 있게 나타내면 그림 ❹, ❺, ❻
과 같이 된다.
　위의 도형들을 보면 ❹에서는 변의 개수가 점의 개수보다 1만큼
적지만, ❺에서는 변과 꼭지점의 개수가 같고, ❻에서는 거꾸로 변의

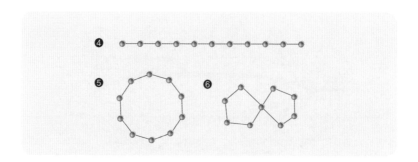

개수가 꼭지점의 개수보다 1만큼 많다. 이와 같이 꼭지점의 개수로 부터 변의 개수를 뺀 것, 즉

$$(꼭지점의 개수) - (변의 개수)$$

를 '오일러의 표수(標數)'라고 부른다.

그림 ❹와 같이, 도형 속에 단일폐곡선 ─ 원이나 삼각형처럼 내부가 하나만 있는 (곡)선 ─ 이 한 개도 없는 것을 '수형도'라고 한다. 수형도의 '오일러 표수'는 1이다. 이것으로, 첫 번째 문제의 답이 10보다 하나 더 많은 11임을 알 수 있다.

이 문제는 별것도 아닌 것처럼 보일지 모르지만 사실은 이후 4권에서 이야기할 '위상기하학'이라는 새로운 기하학에서 다루어지는 문제이다.

지도와 색깔

영국의 수학자 케일리(Cayley, 1821~1895)는 1879년에 런던의 지리학 협회에서 지도는 몇 가지 색깔이 있으면 그릴 수 있는가에 관해서 재미있는 설명을 하였다.

잘 알다시피, 지도를 그릴 때 다른 나라끼리는 모두 다른 색깔로 나타내는 것이 보기가 편리하지만, 그렇다고 그 종류가 많아지면 그만큼 인쇄비가 비싸게 먹힌다는 문제가 생긴다. 되도록 적은 색을 써서, 그러면서도 이웃한 나라끼리는 반드시 다른 색깔로 나타낼 수 있으면 지도로서의 효과도 있고 경비도 싸서 좋다.

아래 그림, ❶의 ㉠처럼 b, c라는 두 나라가 서로 이웃해 있고, 그 바깥부분 a가 모두 바다일 때에는 이를테면 a를 파랑, b를 빨강, c를 노랑으로 칠하면 모두 3가지 색깔만 있으면 된다.

㉡에서는 a가 파랑, b는 빨강, c는 노랑, 그리고 d는 초록이라는 식으로 적어도 4가지 색깔이 필요하다. ㉢에서도 가운데 부분을 바깥쪽과 같은 파랑으로 칠하면 되기 때문에 이것도 4가지 색만으로 충분하다.

더 복잡해져 그림 ❷의 경우가 되면 오히려 3가지 색깔만 있으면 지도를 그릴 수 있으며, ❸은 4가지 색이면 된다.

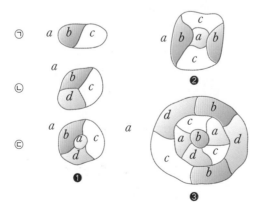

지금까지 4가지 색만으로 그릴 수 없는 지도는 없었으나, 막상 그것을 증명하는 것은 쉬운 일이 아니었다. 실제로 이'4색 문제'의 해결(4가지 색만으로 지도 색칠이 가능하다는 증명)은 아펠과 하켄 두 사람의 수학자가 컴퓨터를 써서 계산한 결과 이루어졌다. 1976년 6월 25일의 일이었다.

이 '4색 문제'의 해결은, 그렇다고 다른 수학적인 문제를 규명하는 데 도움이 되는 것도 아니다. 수학의 문제 중에는 그것을 해결함으로써 새로운 발전의 발판이 되는 것이 있는가 하면, 이 문제처럼 '해결'했다는 것 이외에는 아무런 의미가 없는 불모의 발견이라는 것도 있다. 그러나 수학은 어떤 문제이든 그것을 해결하려는 투지가 필요하다.

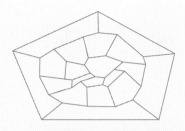

이 지도를 어떻게 하면 4가지 색깔만으로 칠할 수 있을까?

미궁의 수학

그리스 신화를 보면 다음과 같은 이야기가 나온다.

기원전 2천 년경, 크레타 섬의 미노스 왕비가 황소 머리에 사람 몸통을 가진 '미노타우로스'라는 괴물을 낳았다. 미노스 왕은 이 흉측한 괴물을 일단 들어가면 빠져나올 수 없도록 교묘하게 꾸민 미궁 속에 가두었다. 그리고는 이 괴물에게 해마다 소년, 소녀 7명씩을 바쳤다. 미궁과 괴물의 소식을 들은 젊은 용사들이 저마다 그 괴물을 무찌르려 했으나 모두 실패하고, 마침내 영웅 테세우스가 그 괴물을 퇴치한다.

출구를 알 수 없는 미궁 속에서 테세우스가 어떻게 빠져나왔을지 궁금하지만, 그것은 미노스 왕의 딸인 공주 아리아드네가 테세우스에게 실뭉치를 주어 그 끝을 굴 입구의 기둥에 매어두고 실을 풀며 들어갔다가 다시 실을 따라 나왔을 뿐이므로 특별히 이렇다 할 수학적인 추리가 필요한 문제는 아무것도 없다. 그러니까 이 이야기는 어여쁜 공주와 영웅 사이에 있었던, 한낱 낭만적인 신화에 불과하다. 수학적인 이야기는 이제부터이다.

유럽의 왕궁 등에는 실제로 지하 통로에 미궁을 만드는 일이 자주 있었다. 그중에서도 영국의 윌리엄 3세가 1690년 햄프턴 궁전에 만든 미궁은 유명하다.

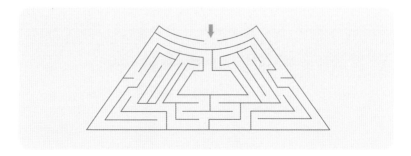

위의 그림이 바로 햄프턴 궁전의 미궁이다. 문제는 중앙에 있는 광장에 어떻게 들어가느냐 하는 것이다. 그러나 알고 보면 방법은 지극히 간단하다. 화살표 표시가 있는 입구로 들어선 다음, 통로의 오른쪽 또는 왼쪽 벽에 손을 대고 따라 들어가면 저절로 중앙의 광장에 다다르도록 꾸며진 것이다.

그러한 '벽 따르기 법'을 수학적으로 연구한 위너(N. Wiener, 1894~1964)는 '벽을 따라가면 반드시 출구로 나올 수 있다'는 사실을 증명하였다.

증명이라고 하면 금방 이맛살을 찌푸리고 고개를 설레설레 흔드는 사람이 많지만, 이것은 아주 간단하기 때문에 어렵게 생각할 필요는 조금도 없다.

지금, 왼손을 벽에 대면서 미궁 속으로 들어간다고 하자. 그러다가 한 번 지나쳤던 지점으로 되돌아왔다고 하자. 그 지점을 A라고 가정했을 때, 그곳에서는 그림과 같은 상태가 되어 그대로 가면 왔던 길을 거꾸로 따라가서 다시 입구로 나갈 수 있게 된다.

이로써 같은 장소에 두 번 왔을 때의 경우는 해결된 셈이다. 그러면 같은 장소를 한 번도 지나치지 않았을 경우에는 어떻게 될까?

아무리 복잡하게 길이 얽혀 있다 하더라도 통로의 개수는 한정되어 있기 때문에, 무조건 한쪽 벽을 따라 걸어간다고 하더라도 미궁 안에서 이리저리 헤매게 되지 않고 결국은 밖으로 나오게 된다.

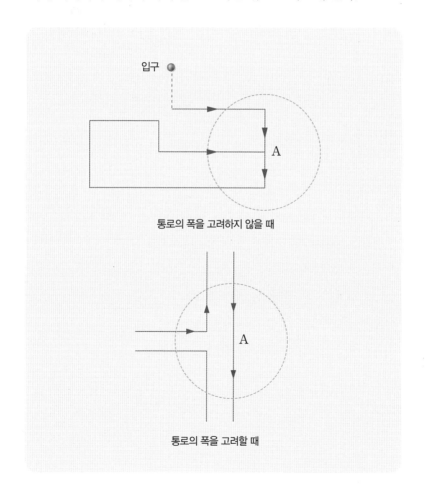

통로의 폭을 고려하지 않을 때

통로의 폭을 고려할 때

 이렇게 말하면 별 싱거운 증명도 다 있다고 하겠으나, 천연 동굴을 탐험하다가 미궁을 헤매는 경우가 생겼을 때 이 사실을 염두에 두고 침착하게 행동하면 결코 조난 사고는 일어나지 않을 것이다.

 그러나 이러한 증명은 어떤 방법으로든지 밖으로 나오기만 하면 된다는 경우에 국한된 것이기 때문에, 같은 미로일지라도 '정해진 장소에 도달할 것'이라든지 '정해진 출구로 나갈 것' 등의 조건이 붙어 있을 경우에는 성립되지 않는다. 아무리 벽을 따라 걸어간다 하더라도 정해진 지점에는 도달할 수 없는 경우가 있다.

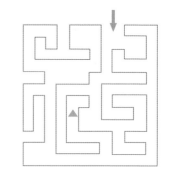

 가령 오른쪽 그림에서 ▲ 표시가 있는 곳까지는 절대로 들어갈 수 없다는

것은 누구라도 곧 알 수 있을 것이다. 이 그림은 비교적 간단하기 때문에 쉽게 답할 수 있지만, 좀 더 복잡해지면 얼핏 보기만 해서는 좀처럼 판단을 내릴 수 없게 된다.

봉해진 미로 '조르당 곡선'

아래 그림은 원에서 시작하여 잘리거나 교차점이 생기지 않도록 곡선의 모양을 조금씩 바꾸어간 것에 지나지 않지만 마지막에는 매우 복잡한 형태가 되어 있다. 그러나 이 미로는 어디에서부터 들어가도 ▲ 표시가 있는 곳까지 도달할 수 없는데, 그 이유는 앞의 그림에서와 같다.

이처럼 원에서 시작하여, 자르지 않고 교차점도 생기지 않도록 모양만 바꾼 곡선을 '조르당 곡선(Jordan Curve)'이라고 한다.

조르당(Jordan, 1838~1922)은 간단해 보이는 원의 안과 밖에 있는 점의 관계에 대한 연구를 한 프랑스의 수학자이다.

조르당 곡선이 지닌 아주 중요한 성질은 '안'과 '밖'의 두 부분으로 평면이 분할된다는 점이다. 매우 재미있는 사실은 이러한 곡선의 안

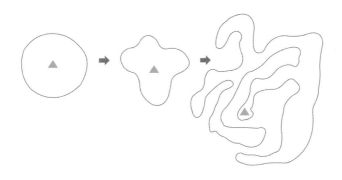

에서 밖으로 나오거나 밖에서 안으로 들어가기 위해서는 다음 그림에서 알 수 있는 것처럼 도중에 반드시 홀수 번의 횟수만큼 이 곡선과 만나야 한다는 점이다.

또한 안에서 안으로, 밖에서 밖으로 가기 위해서는 반드시 짝수 번(0을 포함해서)의 횟수만큼 곡선과 만나야 한다는 것도 쉽게 이해할 수 있을 것이다. 그러나 이 사실을 증명하는 것은 대단히 어려운 일이다.

이상과 같은 이유 때문에 입구에서부터 ▲ 표시가 있는 곳까지 실

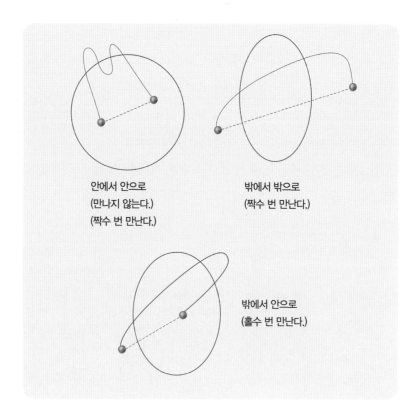

안에서 안으로
(만나지 않는다.)
(짝수 번 만난다.)

밖에서 밖으로
(짝수 번 만난다.)

밖에서 안으로
(홀수 번 만난다.)

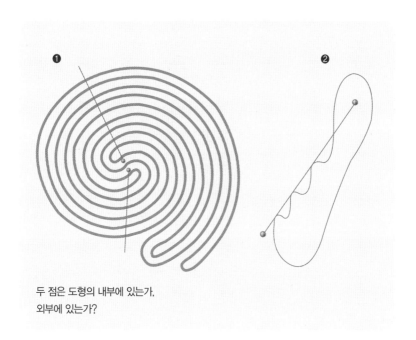

두 점은 도형의 내부에 있는가,
외부에 있는가?

제로 도달할 수 있는지의 여부를 알아보기 위해서는, 그 점으로부터 다음의 ❶처럼 선을 그어 조르당 곡선과 몇 번 만나는지를 조사해 보고 그 횟수가 홀수이면 도달 불가능, 짝수이면 도달 가능이라고 쉽게 판가름할 수 있다.

그러나 ❷에서와 같이 곡선과 4번(짝수 번) 만나고 있는 것처럼 보이는 경우일지라도 이 중 3번은 만난다기보다는 접하고 있는 것이기 때문에 제외시킨다.

'쾌도난마(快刀亂麻)'란 말이 있다. 이 말은 얽히고설킨 문제를 단칼에 베어 시원스럽게 해결한다는 뜻이다.

이 말이 꼭 들어맞게끔, 미로(조르당 곡선) 안에서 임의의 한 점을 정해 거기서 밖으로 연결하는 선을 그음으로써 그 선과 만난 점의 개수가 홀수냐 짝수냐에 따라 그 점이 곡선의 내부에 있는지 외부에 있는지를 쉽게 판단할 수 있다.

미로 문제는 소일거리로 하는 단순한 수수께끼 문제가 아니다. 오히려 요즈음의 전자 공학에서도 널리 이용되는 회로 이론의 기본이 되고 있을 정도로 수학적으로 중요한 연구 분야이다.

벡터란?
물리학과 수학의 혼혈아 벡터

벡터는 물체의 균형과 운동을 다루는 역학(力學)이라는 물리학의 한 분야에서 계산의 필요에 의해 탄생했다. 역학에서는 어떤 물체에 두 개의 힘이 작용할 때, 그 둘을 합성해야 할 경우가 생긴다.

동일한 점에 작용하는 것이면 합하기 쉽지만, 힘의 작용은 반드시 그렇지가 않다. 이 때문에, 힘을 어떤 점으로 평행 이동시켜서 합성하는 방법을 생각해내게 되었다. 이때, '방향과 크기만을 나타내며, 평행 이동해도 같은 것'이 필요해진다. 이것이 '벡터'이다.

당연한 결과이지만, 벡터는 크기와 방향을 가지고 있다. 이 기능을 단적으로 나타내어 주는 것이 화살표이다. 즉, 화살표의 방향이 벡터의 방향이고, 화살표의 길이가 벡터의 크기이다.

다시 말하지만 벡터는 크기와 방향만으로 정해지기 때문에, 평행 이동시켜도 같은 것으로 간주할 수 있다. 실제로, 다음 그림과 같이 평행 이동한 두 벡터를 비교해보면 크기도 방향도 똑같다.

그런데 여기서 주의할 것은 벡터는 운동만을 문제삼고 있다는 점이다. 즉, 벡터란 운동만을 나타낸 것이지 운동에 의해서 생기는 결과와는 관계가 없다.

이것이 바로 벡터가 물리학
과 수학의 경계에 있다는 이
유이다. 벡터가 태어난 동기
는 물론 역학상의 이유 때문
이었지만, 쓰이는 방법은 수
학이다. 수학에서는 필요한 부분만 남기고 나머지는 잘라버리는 대
담한 생략법을 쓴다. 크기와 방향만 남기고 나머지를 모두 무시해버
리는 이 벡터의 경우도 그 한 예이다.

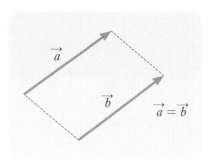

그러나 결과적으로는 이렇게 하는 것이 응용의 범위가 넓어진다
는 이점이 있다.

벡터의 수학적 의미

"힘이 센 두 사람을 상대로 하는 줄다리기에서 이기는 방법이 있
는가?"

있다! 벡터를 이용하면 매우 쉽다. 두 개의 벡터와 하나의 벡터의
크기를 비교할 수 있다는 것은, 두 개의 벡터를 하나의 벡터로 나타
낼 수 있다는 것, 그러니까 벡터끼리는 덧셈을 할 수 있음을 뜻한다.

실제로, 벡터에 대해서도 수에서처럼 덧셈을 정의할 수 있다. 그
연산법칙은 다음과 같이, 역학적인 힘의 합성이 이루어지는 형태로
정해진다.

다음 그림과 같이 두 개의 벡터 $\vec{a}$, $\vec{b}$로 평행사변형을 만들고, 그
대각선의 벡터를 $\vec{a}+\vec{b}$로 정한다.

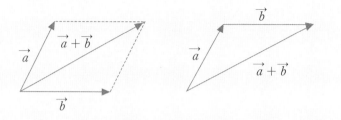

또는 $\vec{a}$의 끝점을 다른 벡터 $\vec{b}$의 출발점으로 삼고, $\vec{a}$의 출발점과 $\vec{b}$의 끝점을 이은 벡터를 $\vec{a}+\vec{b}$의 벡터로 생각할 수도 있다.

물론, 벡터의 '덧셈'은 수의 덧셈과 똑같지는 않다. 예를 들어, 수의 덧셈에서 1+1은 항상 2이지만, 힘을 더하는 경우는 그렇게 되지 않는다. 벡터의 덧셈에서는 같은 길이의 벡터를 두 개 더한다고 해도, 이 두 벡터의 방향이 다르면 엉뚱한 결과가 나온다. 즉, 두 벡터 사이의 각도가 작으면 이 둘을 합성한 벡터는 커지고, 각도가 크면 합성 벡터는 작아진다. 그러다가 180°가 되면 이 두 벡터는 서로 마이너스의 작용을 하게 된다.

벡터와 좌표평면은 아주 밀접한 관계를 지니고 있다. 예를 들어, 좌표평면상에서 벡터의 출발점을 원점으로 평행 이동하여 끝점의 좌표를 그 벡터로 표시하는 경우가 있는데, 이것을 '벡터의 좌표표시'라고 부른다.

이 좌표표시 $\vec{a}=(x,\ y)$의 크기는 피타고라스의 정리에 의해서 $\sqrt{x^2+y^2}$이 된다. 또,

$$(x,y)\pm(x',y')=(x\pm x',\ y\pm y')$$

라는 법칙도 성립하여, 계산이 편리하다.

　역으로 평면이나 공간의 점을 벡터로 간주할 수 있어서 이러한 측면에서도 도형을 해석기하학적으로 관찰할 수 있다. 이 이야기는 이후에 4권에서 다시 하기로 하겠다.

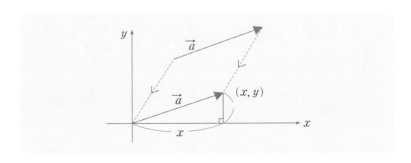

협력 효과의 바로미터 '내적'

두 벡터 $\vec{a}, \vec{b}$가 있을 때,

$$\vec{a} \cdot \vec{b}$$

를 $\vec{a}$와 $\vec{b}$의 '내적(內積)'이라고 한다. 그러나 이 내적은 벡터가 아니고, 서로 작용하는 힘의 협력 정도를 나타내는 수라는 점에 주의할 필요가 있다.

　물건을 움직이려고 할 때 같은 방향으로 힘을 합치면, 서로의 힘을 곱한 만큼의 협력 효과가 난다. 가령, 길이가 3인 벡터에 길이 2의 벡터를 같은 방향으로 작용시키면, 이 물건을 당기는 힘의 효과는 6이 된다. 왜냐하면 각 단위 벡터마다 2의 힘이 작용하는 것이므로, 전체적으로는 모두 3×2＝6이라는 협력 효과를 내고 있는 셈이기 때문이다. 따라서 이때의 내적은 다음과 같다.

$$\vec{a} \cdot \vec{b} = |\vec{a}|\,|\vec{b}|$$

그러나 서로 수직 방향으로 끌어당기는 두 힘이 있을 때는 서로의 힘에 아무런 영향도 미치지 않기 때문에 협력 효과(=내적)는 0이다. 즉

$$\vec{a} \cdot \vec{b} = 0$$

그렇다면 서로 반대 방향으로 당기는 힘이 있을 때는 어떨까? 이 경우에는 마이너스의 힘이 작용한다. 예를 들어, 물건을 끌어당기는 3의 힘에 대해서 반대 방향으로 당기는 2의 힘이 있다고 할 때, 각 단위 벡터에 대해서 −2의 힘이 작용하는 셈이므로 전체적으로는 3×(−2)=−6만큼의 협력 효과가 생긴다. 따라서, 이때의 내적은 다음과 같다.

$$\vec{a} \cdot \vec{b} = -|\vec{a}|\,|\vec{b}|$$

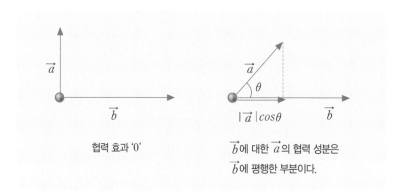

협력 효과 '0'

$\vec{b}$에 대한 $\vec{a}$의 협력 성분은 $\vec{b}$에 평행한 부분이다.

이상을 정리하면, a와 b의 내적은 다음과 같이 나타내어진다.

$$\vec{a} \cdot \vec{b} = |\vec{a}| \, |\vec{b}| \cos \theta$$

데카르트는 좌표라는 개념을 도입하여 직선상에 양수, 0, 음수를 기하학적으로 나타내었다. 이 생각은 평면이나 공간상의 좌표로 자연스럽게 확장된다. 데카르트는 이 좌표라는 개념 하나만으로, 전에는 서로 다른 영역으로 간주되었던 대수학과 기하학을 결합시킬 수 있었으며, 그렇게 하여 해석기하학이라는 새로운 수학을 창조할 수 있었다. 마찬가지로, 벡터라는 개념은 작용하는 힘을 화살표(→)로 나타낸다는 착상에서 비롯된 것이지만, 힘의 방향과 크기만을 나타내는 화살표는 곧 좌표로 바꾸어 나타낼 수 있게 되었다. 그렇게 하여, 물리학의 문제를 수학으로 옮겨서 다룰 수가 있게 된 것이다.

무릇, 위대한 발견이란 지극히 단순한 형태로 나타내어지는 법이다. 이 단순함 속에 온갖 것이 압축되어 들어 있고, 따라서 미래의 풍요한 열매가 간직되어 있다. 이런 점에서 벡터라는 개념도 위대한 착상이었다.

엔트로피와 수학
가장 무질서한 상태가 가장 질서 있는 상태?

'(보다) 질서 있는 상태'라든가 '(보다) 무질서한 상태'라는 것을 수학적으로 나타낼 수 있을까? 있다! 이제부터 이야기하는 '엔트로피(entropy)'라는 개념을 쓰면 그것이 가능하다.

경계가 서로 접하고 있는 같은 크기의 두 수조 속에 $50°C$의 물과 $0°C$의 물을 넣어두면 얼마 지난 다음에는 두 수조의 물은 저절로 $25°C$가 된다. 그러나 역으로, 두 수조 속에 $25°C$의 물을 넣어둔다고 해서 $50°C$와 $0°C$의 물로 되지는 않는다. 이처럼 본래의 상태로 되돌릴 수 없는 변화를 '비가역과정(非可逆過程)'이라고 한다.

자연계에는 '에너지 불변의 법칙'이라는 것이 있는데, 위의 경우에서도 에너지 전체의 양에는 변화가 없다. 그러나 에너지의 형태로는 $50°C$와 $0°C$로 분리되어 있는 쪽이 '균일화되어 있지 않다'는 뜻에서 '고급'인 형태이다.

이 고급인 정도를 나타내는 척도로써 '엔트로피'라는 개념이 도입된다. 즉 엔트로피가 낮을수록 에너지의 형태가 고급이라는 이야기이다. 수력발전소의 댐 위쪽에 있는 물은 엔트로피가 낮기 때문에

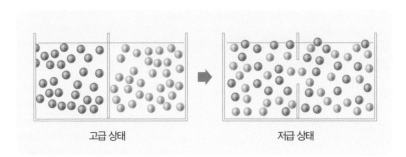

고급 상태 　　　　　　　　　 저급 상태

그만큼 고급이지만, 댐 아래로 떨어진 물은 이제 전력을 일으키는 데는 아무 쓸모가 없어진 상태이다. 즉, 댐 아래의 물은 엔트로피가 최대, 에너지의 형태로는 가장 저급인 것이 된다. 석유를 태워서 열을 뽑아내는 조작도 엔트로피를 높이는 것 — 따라서 에너지의 형태로는 저급 — 이 된다.

엔트로피를 수식을 써서 나타내면 다음과 같이 된다. 즉,

어떤 일(＝사건) A가 일어나는 확률이 p, 일어나지 않는 확률이 q일 때, A의 엔트로피를

$$-(p \log p + q \log q)$$

로 나타낸다. 따라서 $p=q=\dfrac{1}{2}$일 때 A의 엔트로피가 가장 높다.

예를 들어 $p=\dfrac{1}{4}$, $q=\dfrac{3}{4}$인 경우와 비교해보면,

$p=q=\dfrac{1}{2}$일 때에는 엔트로피가 약 0.301

$$\left(단, -\left(\dfrac{1}{2} \log \dfrac{1}{2} + \dfrac{1}{2} \log \dfrac{1}{2}\right)≒0.301\right)$$

$p=\dfrac{1}{4}$, $q=\dfrac{3}{4}$일 때에는 엔트로피가 약 0.244

$$\left(단, -\left(\frac{1}{4}\log\frac{1}{4}+\frac{3}{4}\log\frac{3}{4}\right)\fallingdotseq 0.244\right)$$

이므로, $p=q=\frac{1}{2}$일 때가 크다.

두 종류의 기체 A와 B의 혼합체의 엔트로피에 대해서도 이 식을 적용할 수가 있다. 이 경우에는 똑같은 양이 섞일 때 엔트로피가 가장 높다. 그것은 이 혼합 기체 중에서 한 개를 꺼냈을 때 A일 확률이 50%가 되기 때문이다.

엔트로피가 높아진다는 것은 '질서', '경향', '고급 에너지(엔트로피가 낮은 상태)'가 '혼돈', '평균', '저급 에너지(엔트로피가 높은 상태)'로 변화한다는 것을 뜻한다. 그런데 '잘 섞였다'는 것은 '난잡(무질서)하다'는 뜻이기도 하기 때문에 엔트로피는 난잡한 상태를 재는 척도로도 쓰인다.

여기서 다음과 같은 문제를 생각해 보자.

지금 100개의 바둑알이 있다고 하자. 이 돌을 정사각형꼴의 널빤지에 쏟아놓을 때, 어떤 상태가 가장 무질서하게 놓여졌다고 할 수 있을까?

답은 엉뚱하게도(?) 이 정사각형을 100등분했을 때 생기는 100개의 작은 정사각형의 각 중앙에 돌이 하나씩 놓인 경우이다.

왜 그럴까? 그 이유는 다음과 같다. 아무리 무심코 돌을 쏟아부었다 해도 어떤 질서나 규칙성 같은 것 — 이를테면 사람마다의 버릇 같은 것 — 이 어쩔 수 없이 반드시 끼어들게 된다. 이러한 경향 — 이것도 일종의 '질서'이다 — 을 철저히 없애고 완전히 '무질서'한 상태가 되기 위해서는 100개의 돌이 널빤지 위의 어느 쪽에도 치우치지 않는 위치, 그러니까 아래 위 그리고 옆으로 각각 10개씩 가지런히 놓여져야 한다는 이야기가 된다.

그런데 이것은 가장 질서있게 100개의 돌을 판자 위에 놓는 결과가 되지 않는가! 정말 알다가도 모를 일이다. 그러나 이치로 따져서는 이렇게 말할 수밖에 없다. 아니, 이치가 아니라 실제로도 그렇다.

바둑돌을 잉크의 (눈에 잘 보이지 않는) 입자로, 그리고 널빤지를 수조 속의 물로 바꾸어, 잉크를 이 물에 쏟아 넣는 경우를 생각해보자. 조금 전 말한 대로 '무질서하다'는 것은 '잘 섞였다'는 것과 같으므로 수조의 물속에 잉크 입자가 가장 무질서하게 놓인 상태는 가장 잘

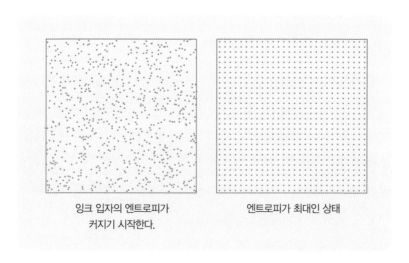

잉크 입자의 엔트로피가   엔트로피가 최대인 상태
커지기 시작한다.

섞인 상태 즉, 같은 간격으로 고루 섞인 상태가 된다는 것을 뜻한다. 이렇게 따지면, 무질서가 궁극적으로는 질서에 이어지는 것은 너무도 당연하다.

엔트로피 증대의 법칙

|법칙| 닫힌 계(系) 내에서는 에너지의 배분이 균일화되고, 엔트로피가 증대하는 방향으로 나아간다.

|열역학의 법칙|

제1법칙 닫힌 계가 갖는 에너지의 전체 양은 항상 같다.
제2법칙 열에너지는 고온 상태에서 저온 상태로 옮겨갈 때, 그 에너지의 일부만을 일로 바꿀 수 있다.

열역학 제2법칙에서는, 에너지는 온도가 높은 상태에서 낮은 상태를 향해서 자연히 이동하지만, 그 역의 방향으로는 흐르지 않는다는 것을 알려준다. 이것을 바꿔 말하면, 에너지 전체의 양은 언제나 변함이 없지만 사용 가능한 에너지는 자꾸 줄어들어 간다는 뜻이다.

'사용 불가능한 에너지'란, 다른 말로 표현하면 '엔트로피가 최대인 상태의 에너지'라는 뜻이다. 따라서 열역학 제2법칙을 이 엔트로피라는 낱말을 써서 나타내면 "닫힌 계 내에서는 에너지의 배분이 균일화되고 엔트로피가 증대하는 경향이 있다"가 된다. 이것이 '엔트로피 증대의 법칙'이다.

이 법칙이 특히 우리의 주목을 끄는 이유는, 이것이 비단 열역학의 세계에뿐만 아니라 널리 인간 사회를 포함한 자연계 전체에 적용

된다는 데에 있다. 이 경우 엔트로피는 '질서가 없는 것', '무질서성'의 정도를 재는 척도를 뜻한다.

가령, 인간은 호흡이나 식사 등을 통해 필요한 물질과 에너지를 흡수하는 반면, 이용 불가능한 물질과 에너지를 바깥 세계로 내보낸다. 그리고 죽으면 이러한 행동을 멈추기 때문에 신체 조직은 또 다시 단순한 물과 이산화탄소로 분해되어 외계로 흩어진다. 그러니까 이를테면 질서가 있는 상태에서 무질서한 상태로 이행하는 셈이다. 바꿔 말하면, 살려는 노력을 계속하는 생명체의 내부에서만은 '엔트로피 증대의 법칙'을 거역하는 행위가 일어나고 있는 것이다.

최근의 문명 생활, 그중에서도 특히 소비 중심의 기계 문명은 자연계의 에너지를 유용한 것에 지나치게 집중시킨 나머지 주위에 이용 불가능한 상태의 에너지를 가속적으로 축적함으로써 엔트로피의 증가 속도를 촉진시키는 결과를 가져오고 있다는 비판이 높아지고 있다. 길가, 논밭, 산 어디나 할 것 없이 마구 버려진 비닐 조각, 바다나 강을 날로 심각하게 오염시키는 산업쓰레기, 스모그 현상을 일으킬 만큼 도시의 하늘에 다량으로 배출되는 배기가스 등이 그러한 상황을 여실히 보여주고 있다. 여러분의 주변은 어떠한가?

재미있는
수학여행
기하의 세계